앨리스와 함께 떠나는
스타벅스로 세계 여행

| 만든 사람들 |

기획 인문·예술기획부 | **진행** 한윤지 | **집필** 앨리스 | **편집·표지디자인** D.J.I books design studio 김진

| 책 내용 문의 |
도서 내용에 대해 궁금한 사항이 있으시면
저자의 홈페이지나 J&jj 홈페이지의 게시판을 통해서 해결하실 수 있습니다.
제이앤제이제이 홈페이지 jnjj.co.kr
디지털북스 페이스북 facebook.com/ithinkbook
디지털북스 인스타그램 instagram.com/dji_books_design_studio
디지털북스 유튜브 유튜브에서 [디지털북스] 검색
디지털북스 이메일 djibooks@naver.com
저자 이메일 aliceinparis.s1.e1@gmail.com
저자 블로그 blog.naver.com/punky85
저자 브런치 brunch.co.kr/@aliceinearth

| 각종 문의 |
영업관련 dji_digitalbooks@naver.com
기획관련 djibooks@naver.com
전화번호 (02) 447-3157~8

앨리스와 함께 떠나는
스타벅스로
세계 여행

| 앨리스 저 |

J & jj
제이 앤 제이제이

Contents

Thanks to

세계로 나아갈 수 있는 원동력이 되어 주시는 아빠 엄마. 시시콜콜한 이야기도 다 들어 주는 이모와 상엽. 책 계약부터 원고를 쓰는 동안 독려해 준 문희님과 채영님. 현실 친구이자 여행 친구이자 힘들 때 도움 주는 릿다. 언제나 잘 되라고 사랑해 준 석준. 어디를 가든 스타벅스 카드만 보이면 페메를 준 윤정언니. 항상 잘한다 해주시는 선민언니. 행동의 완결 재성님. 리빙리 좋은 자리 마련해 주신 록담님. 동호, 재욱, 지아 동네모임. 비정상 포에버.

프랑스 파리 양사장님 문선언니 건형오빠 문주 찬주 **오스트리아 비엔나** 양윤정님 재팔님 **네덜란드 암스테르담** Jason Chen **태국 방콕 & 치앙마이** Sikrin 지인 설희 **인도네시아 발리** 윤희언니 **대만 타이베이** 성근오빠 Phoebe Chen **싱가포르** Vanessa 다정 강주 아버지와 어머니 현주언니와 형민님 **중국 상하이** 경미님 지현언니 **미국 워싱턴디씨** 훈정언니 소피아언니 지은언니 **러시아 모스크바** 선아 **미국 뉴욕** 다현님 **홍콩** 태욱 **일본** 세원 토니언니 **일본 도쿄** 츠쿠바의 인성 주연님 요치님 **일본 고베** 신영 **미국 시애틀** 진영언니 **대한민국** 시원 경 민수님 엘레강스 조님 오리언니 해황님 **미국** LA의 희원 로볼키님 우성 그라나 @kasiqjungwoo **캐나다** 동기 주연 **영국 런던** 수진 이식오빠 **중국** 국화언니 **말레이시아** 쏭형 쥬한량 작가님

그리고 어디를 가든 스타벅스만 보면 저를 기억해 주신 모든 분들께 감사드립니다.

프랑스
파리

　줄곧 '프랑스 파리에 가족이라도 있어?'라는 질문을 받을 정도로 매해 파리를 여행했다. 열 번 이상 구석구석 여행한 파리는 아이러니하게도 미국 커피 체인점인 스타벅스 여행의 시작점이 되었다. 그리고 개인적으로 세계에서 가장 좋아하는 스타벅스 매장 또한 파리 오페라 역Opéra 가르니에Opéra Garnier인근에 위치한 2층짜리 스타벅스이다. 지금으로부터 10여 년 전 대학생 시절 사귀었던 남자친구의 로맨틱한 말 한마디는 파리 여행의 매력과 스타벅스에 대한 사랑을 일깨워 주었다.

센 강의 낭만이 흐르는 파리

    당시 남자친구는 성당 활동을 하면서 자연스럽게 좋은 감정을 가지게 된 친구로 여느 때와 다를 바 없이 함께 성당을 가던 중 고백을 해왔다. 평소 묵묵하게 곁을 지켜주며 종종 데이트도 하고 서로 집에 데려다주며 알콩달콩 했기에 사귀기 전과 후 크게 달라진 점은 없었다. 그래서인지 '사랑한다'라는 말 또한 낯 뜨겁게 여겨져 서로 하지 않았다. 때론 그 점이 아쉽기도 했지만 나 또한 하지 않았기 때문에 불평을 할 수는 없었다. 그러던 중 사귄지 100일도 되기 전에 그는 예정되어 있던 유럽여행을 떠났다. 지금은 한국과 유럽이 경계 없이 실시간으로 연락이 가능하지만 당시에는 인터넷 전화나 데이터 로밍, 유심도 없던 시절이라 연락 수단은 오로지 현지 공중전화나 게스트 하우스 유선전화로 하는 국제전화, 또는 온라인으로 주고 받는 이메일이 전부였다. 간헐적으로 오가는 연락은 설렘을 고조시키기도 했지만 그리움 또한 곱절로 만들었다. 그러던 어느 날 주말 성당 활동을 마치고 집으로 돌아가는 길에 국제전화번호가 핸드폰에 찍혔다. 적어도 하루에 한 번씩은 걸려오는 국제전화였지만 반갑게 받아든 전화기 너머로 애틋한 목소리가 들려왔다. 파리 센 강의 유람선을 타면서 너무나도 아름다운 야경에 내가 생각났다며 근처 공중전화로 달려와 전화를 걸었다고 한다. 그러고는 애절하게 '사랑해'라는 달콤한 말 한마디를 건네왔다. 그의 사랑스러운 고백은 이내 파리의 센 강이 얼마나 낭만적이길래 무뚝뚝하기만 했던 사람을 이렇게 바꿀 수 있었을까 하는 궁금증으로 이어졌다. 그와 헤어진 후, 3일 뒤에 떠나는 파리행 비행기 티켓을 덜컥 구입했다. 낭만적인 파리의 센 강에서 나를 생각하며 '사랑해'라고 고백했던 그때의 그를 추억하기 위해서였다. 지금 생각하면 애처로운 행동이었지만 훌쩍 떠난 첫 번째 파리 여행은 무척이나 아름다웠고 나 또한 낭만에 빠져 그에게 연락해 다시 만나게 되었다. 그때 그 감정이 남아 울적한 일이 있거나 인생에서 전환점이 필요할 때면 파리를 찾는다. 그리고 지금은 매해 정기적으로 충전을 하기 위해 방문하고 있다.

파리에 자주 오간 덕에 주로 묵었던 한인 민박집 사장님과 친해졌다. 그러다 한번은 파리 테러로 관광객들이 급감했다는 기사를 보고 안부를 주고받다가 블로그 포스팅 등 조그마한 도움을 드리게 되었는데 이를 계기로 '평생

무료 숙박권'을 얻게 되기도 했다. 덕분에 파리에서는 숙박 비용이 별도로 들지 않으니 항공권 특가가 나오면 언제든 지를 수 있다는 생각에 편안함을 느끼기도 했다. 당장 파리에 가지 않더라도 그 마음만으로도 충분히 즐거웠다. 지금은 학생 때와 달리 호텔을 이용할 수 있는 주머니 사정이지만, 그래도 하루 이틀은 꼭 이곳 한인 민박집에서 벽난로가 있는 방 이층 침대를 이용했다. 남자친구와 헤어지고 나서 훌쩍 떠난 첫 번째 파리 여행의 숙소 또한 이곳이었고, 민박집 유선전화를 붙잡고 다시 연을 잇기도 한 추억이 있는 곳이었다. 이후 나뿐만 아니라 내 소개로 친구들이 방문했을 때에도 너무나 잘 해주었는데, 코로나19의 여파로 10년이 넘는 세월 한자리를 지켰던 한인 민박집이 문을 닫았다.

좋은 기억으로만 가득한 파리라 학교에서 교육 프로그램 지역을 선택할 때에도 1순위로 파리를 선택했다. 두 달 동안 파리에 머물며 낭만적인 분위기에 취해 보고 싶었기 때문이다. 그런데 여행과 학교생활은 전혀 달랐다.

학교와 연계된 기숙사에는 한 손으로 꼽힐 만큼 동양인이 적었고, 온통 서양인만 있는 환경은 나에게 낯설게만 느껴졌다. 그뿐만 아니라 유럽식 영어에 익숙하지 않았던 터라 의사소통을 하는 데도 주눅이 들어 나 홀로인 생활을 할 수밖에 없었다. 그나마 프랑스에 오기 전 기숙사와 기숙사 밖에서 기본적인 프랑스어를 사용해야 할 것을 고려해 4개월 동안 알파벳 읽는 방법, 숫자 세기, 인사, 자기소개 및 물건 구입하는 방법 등의 프랑스어를 익혔다. 교육 프로그램은 영어로 진행되고 녹음도 가능했지만 프랑스에서의 생활을 대비하기 위함이었다. 그런데 아니나 다를까 학교 근처 동네 레스토랑이나 카페에는 관광객들이 드물어서인지 영어로 의사를 전달하기 어려웠다. 미숙하지만 더듬거리며 프랑스어로 인사를 나누고 주문을 했지만 프랑스어가 익숙하지 않은 동양인에게 불친절하기 그지없었다. 때론 주문한 음식을 태워서 내놓기도 하고 주문을 최대한 늦게 받는 등 인종 차별을 받기도 했지만 프랑스어가 유창하지 못해 항의할 수도 없었다. 그동안 차곡차곡 쌓인 파리에 대한 환상이 깨지고 한 달 남짓 되는 시점에 외로움만 남기 시작했다. 하루빨리 집에 가고 싶다는 생각에 하루하루 버티기 힘들었지만 적응에 실패한 모습을 누구에게도 보이고 싶지 않아 친한 친구는 물론 가까운 한인 민박집 사장님에게도 도움을 청하지 못하고 학교 주변을 정처 없이 떠돌며 길을 걸었다.

파리는 여름에는 오후 열 한시까지도 환하지만 겨울에는 오후 네 다섯 시만 돼도 해가 지기 시작한다. 추운 겨울비까지 내리는 날, 학교에서 다섯 시쯤 나와 걷기 시작했는데 사십여 분 걷다 보니 거리가 온통 캄캄해졌다. 조금 섬뜩해진 느낌에 다급히 들어간 곳은 가장 만만한 스타벅스 매장이었다.

    문을 열자마자 매장에서 새어 나온 온기가 온 몸을 감싸며 안도감을 주었다. 주문하는 곳과 마시는 곳의 층이 달라 1층에서 주문을 한 후 '앨리스' 이름을 부르자마자 음료를 받아 들고 2층으로 향했다. 전 세계 스타벅스가 그러하듯 은은한 불빛과 따뜻한 느낌의 나무 바닥, 통일된 디자인의 원형 테이블과 의자, 그리고 근처에 학교가 있어 과제를 하는 듯한 학생들로 가득했다. 1층에서 2층으로 올라가며 혹시나 자리가 없으면 어쩌지 하는 걱정이 현실이 될 찰나 딱 하나 남은 2인석이 보였다. 집 앞에 위치한 스타벅스를 방문한 것 같은 느낌을 받으며 남아있는 2인석에 앉아 차분히 핫 초콜릿을 마시려고 폼을 잡았다. 그런데 그때 누군가 내 앞에 비어있는 좌석에 앉아도 되겠냐며 말을 걸어왔다. 거절할 이유가 없었던 나는 흔쾌히 승낙했고 우리는 눈 인사를 나눈 후 각자의 음료를 마셨다. 그 순간, 스타벅스의 익숙함과 이질감 없이 자리를 나누는 현지인으로 인해 그동안의 외로움과 서러움이 눈 녹듯 녹아내렸다. 그리고 잠시나마 자리 잡았던 파리에 대한 미움도 함께 걷혔다. 그때부터 나는 스타벅스를 맹목적으로 좋아하게 되었고, 긴 여행을 하며 향수병이 돋을 때면 스타벅스로 향한다. 그것이 어느 나라이든 스타벅스만 있다면 두려울 것이 없다.

Starbucks
26 Avenue de l'Opéra, 75001 Paris, France

콧대 높은 프랑스에 안착한 미국 스타벅스

프랑스 파리에는 절대 왕정과 베르사유^{Château de Versailles}의 호화로운 궁정 생활의 유산과 더불어, 나폴레옹 1세^{Napoléon Bonaparte, 1769-1821}의 진두지휘 하에 유럽을 품으며 약탈해 온 문화재들이 가득하다. 길을 걸으며 자연스럽게 마주하는 100여 년 된 화려한 건물들은 물론 루브르 박물관^{Musée du Louvre}, 오르세 미술관^{Musée d'Orsay} 등 수십여 개의 박물관이 보유하고 있는 작품들은 프랑스의 옛 위상과 세계 각지의 문화를 한눈에 보여준다. 그뿐만 아니라 센 강을 중심으로 에펠탑^{Tour Eiffel}, 개선문^{Arc de Triomphe}, 노트르담 대성당^{Cathédrale Notre-Dame de Paris} 등 세계적인 명소 또한 이곳에 모여 있다. 그리고 마치 아지트처럼 은밀하게 자리잡은 스타벅스가 나폴레옹 1세의 유럽 정복보다도 더욱 면밀하게 그 중심을 정복하고 있다. 오페라 역 가르니에의 고풍스러움을 그대로 담은 파리 스타벅스 1호점, 세계 3대 박물관으로 꼽히는 루브르 박물관 지하 통로에 위치한 스타벅스 루브르 박물관점, 루브르 박물관에서 개선문까지 일직선으로 이어진 샹젤리제 거리^{Champs-Élysées}에 위치한 스타벅스 샹젤리제점이 그러하다.

　　오페라 역은 파리에서 가장 먼저 우리를 반겨준다. 인천국제공항에서 12
시간 비행 후 파리 샤를드골국제공항 Paris-Charles-de-Gaulle에 입성하면, 시내까지
는 40~50분 정도 RER, 공항버스, 우버, 택시 등 교통수단을 타고 이동해야
한다. 그리고 그중 대중화된 RER과 공항버스의 첫 정류장이 바로 이곳 오페
라 역으로 파리의 출발지이자 종착지 역할을 한다. 때문에 파리 여행에서 가
장 먼저 접하게 되는 랜드마크는 에펠탑이나 개선문이 아닌 오페라 역의 가
르니에인 경우가 대다수이다. 공항버스는 정확하게 가르니에 바로 뒤편에
내려주기도 한다. 때문에 파리를 처음 여행하는 사람들이나 편의를 추구하
는 신혼여행객들은 오페라 역을 거점으로 호텔을 예약하는 경우가 더러 있
다. 아니면 차선으로 교통편과 관계없이 에펠탑 또는 개선문 뷰를 선택한다.

가르니에는 19세기 건축물로 건축 공모전에서 우승한 샤를 가르니에 Jean-Louis Charles Garnier, 1825-1898 의 작품이다. 역사적으로는 르네상스와 네오 바로크 양식이 가미된 독특한 양식의 건축물로 의미가 있으며, 대외적으로는 프랑스 추리소설가 가스통 르루 Gaston Leroux, 1868 -1927의 소설 〈오페라의 유령Le Fantôme de l'Opéra, 1910〉의 배경으로 명성을 떨쳤다. 지금이라도 당장 눈이 부시게 아름다운 드레스를 입은 여인이 무도회장으로 걸어 올라갈 것만 같은 계단을 따라 공연장에 들어서면 6톤 무게의 화려한 샹들리에와 러시아 출신 프

랑스 화가 마르크 샤갈^{Marc Chagall, 1887-1985}이 그린 아름다운 천장화를 볼 수 있다. 그리고 공연장 밖에는 베르사유 궁전의 거울의 방과 닮은 황금빛 회랑과 파리 발레의 역사를 엿볼 수 있는 박물관이 있다. 평상시에는 공연장을 비롯한 박물관이 오전 10시부터 오후 5시까지만 일반인에게 유료로 공개되고, 공연 시즌에는 공개 시간 이후 발레 또는 오페라 공연이 진행된다.

파리 스타벅스 1호점은 2004년, 파리로 오가는 관문이자 안팎 모두 화려함으로 중무장한 가르니에 앞 카푸신 거리^{Boulevard des Capucines}에 자리 잡았다. 지리적 여건에 따라 스타벅스 1호점보다는 스타벅스 카푸신 매장으로 불리는 이곳은 콘셉트가 있는 현지형 스타벅스의 최초라고 할 수 있다. 스타벅스 특유의 그린 & 우드톤은 초입의 상징적인 간판을 제외하고는 어디서도 찾아볼 수 없다. 대신 새까만 대리석 건물 외벽에 걸맞게 간판, 차양막, 프랑스식 테라스 테이블과 의자 모두 검은색으로 맞추었다. 작은 입구와 달리 매장 안쪽은 단계적으로 펼쳐진다. 주문하고 음료를 마실 수 있는 공간은 천장 유리창으로 들어오는 자연채광으로 빛나지만, 내부도 외벽처럼 까맣다 보니 점원들의 앞치마나 기념 머그가 아니면 스타벅스 매장이라는 생각이 들지 않는다. 낮은 계단을 올라 마주하게 되는 공간은 가르니에의 위엄을 이어받아 바로크 양식의 인테리어로 꾸며져 있다.

커피 한 잔에 책을 읽거나 노트북을 하는 현지인들로 연일 붐비는 매장에는 일반적인 스타벅스의 타원형 원목 테이블 대신 금빛 테이블이 자리 잡고 있으며 대리석 테이블, 디자인 감각이 돋보이는 소파 의자 등이 함께 있다. 또한 높은 천장의 고풍스러운 샹들리에와 천사들을 묘사한 프레스코화, 그리고 검은 대리석 기둥을 지지하는 테두리를 비롯 천장을 감싸는 황금 몰딩은 특별한 분위기를 자아내며 어디에서도 볼 수 없는 파리만의 스타벅스를 완성하고 있다. 다만, 특색있는 인테리어와는 달리 메뉴는 평범한 편이다. 달콤한 디저트 천국, 프랑스를 대표하는 디저트인 에클레어^{Éclair}, 몽블랑 ^{Mont Blanc} 등을 먹어볼 수 있을 것 같지만 의외로 치즈케이크, 컵케이크 등 미국식 디저트 메뉴밖에 없다.

Starbucks Capucines
3 Boulevard des Capucines, 75002 Paris, France

루브르 박물관 지하에 숨겨진 아지트

프랑스 르네상스 건축을 대표하는 루브르는 형태가 끊임없이 추가되고 변경되었다. 그 기원은 정확히 알 수 없으나 한때 요새로 활용되었으며 프랑스 왕궁으로 증축되기도 하고, 왕실의 수장고이자 예술이 꽃 피는 장이기도 했다. 하지만 베르사유 궁전이 루브르를 대신해 왕의 주요 거처가 되면서 잠시 버려졌다가 프랑스 혁명¹⁷⁸⁹⁻¹⁷⁹⁹과 함께 민중에게 개방된다. 루브르의 용도 변경은 여기서 끝나지 않는다. 나폴레옹 1세가 집권하면서 루브르는 다시 왕궁으로 부활했고, 그가 세계 각지를 정벌하며 수집한 명화, 조각품 등의 전리품들을 모아 두는 장소로 활용되었다. 이후 그의 조카 나폴레옹 3세^{Napoléon III, 1808-1873}의 집권기에 확장되어 현재의 규모를 갖추었다. 그는 루브르뿐만 아니라 파리 최초의 백화점 봉 마르셰^{Bon Marché}를 비롯 북역^{Gare du Nord}과 리옹 역^{Gare de Lyon} 건축을 장려했으며, 비슷한 높낮이의 크림색 돌로 이루어진 외관 디자인이 매력적인 오페라 거리^{Avenue de l'Opéra}도 조성했다. 그의 건축학적 업적과 예술적인 감각을 높이 사 루브르 박물관에 그의 유품을 모은 나폴레옹 3세의 방도 마련되어 있다 .

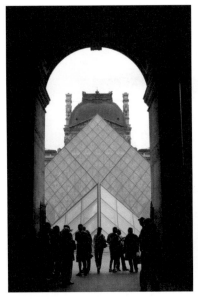

이후 루브르는 프랑스 문화 대통령이라고 불리는 미테랑^{François Maurice Adrien}

Marie Mitterrand 1916-1996의 '그랑 프로제^{Grands Projets}' 일환으로 재정비되었다. 1968년

미국 워싱턴 디씨 내셔널 갤러리 오브 아트^{National Gallery of Art}를 추가 설계한 중

국계 미국인 건축가 이오 밍 페이^{Ieoh Ming Pei}에게 의뢰해 1989년, 루브르 박물

관과 튈르리 정원 사이 철근 구조에 유리를 올린 피라미드가 세워졌다. 내

셔널 갤러리 오브 아트와 루브르 박물관은 내가 가장 좋아하는 곳인데 마치

하나로 이어진 듯 두 곳 모두에서 피라미드의 모습을 볼 수 있다. 유리 피라

미드는 귀스타브 에펠^{Gustave Eiffel, 1832-1923}의 에펠탑만큼이나 거센 반발에 직면

했지만 늘 그렇듯 파리는 빠르게 적응해 갔고, 지금은 루브르 박물관의 입구

이자 지하 채광을 담당하는 루브르의 상징이 되었다. 루브르 박물관은 왕실

의 소장품과 나폴레옹 1세의 전리품 등 3만 여 점의 전시품을 가지고 있으

며, 영국의 대영 박물관, 미국의 메트로폴리탄 미술관을 제치고 세계적인 박물관 1위로 꼽힌다. 덕분에 파리에서 빼놓을 수 없는 관광지로, 예술 작품을 좋아하는 사람들뿐만 아니라 파리를 처음 방문하는 사람들에게도 꼭 한 번씩은 거쳐 가야 하는 곳이 되었다. 주요 작품으로는 1820년 밀로 섬에서 발견된 작가 미상의 '밀로의 비너스Venus de Milo', 기원전 2세기 작품으로 추정되는 헬레니즘 시대의 '승리의 여신상Victoire de Samothrace Niké', 파울로 베로네제Paolo Veronese, 1528-1588가 그린 누가복음 2장 1절의 '가나의 혼인잔치Les Noces de Cana', 레오나르도 다빈치Leonardo da Vinci, 1452-1519의 세계적인 걸작 '모나리자Monna Lisa', 프랑스 최고의 화가였던 자크 루이 다비드Jacques-Louis David, 1748-1825의 '나폴레옹 대관식Le Sacre de Napoléon' 등이 있다.

　이오 밍 페이의 유리 피라미드는 총 세 개로 하나는 루브르 박물관 정원 바닥을 뚫고 세워졌으며 지하 중앙 입구로 향하는 통로가 되었다. 또 다른 하나는 대형 피라미드를 호위하듯 세워졌으며, 다른 하나는 역피라미드라 불리며 지상에서는 보이지 않지만 지하에 거꾸로 세워져 있다. 이 역피라미드가 있는 루브르 박물관 지하 아케이드에 쉼터 같은 스타벅스가 있다. 지하 아케이드는 아는 사람들만 아는 비밀 통로로 지하철역에서 이어져있다. 대부분 루브르 박물관 입구를 주요 목적지로 찾아가기 때문에 지하 아케이드가 아닌 지상으로 나가기 마련이다. 하지만 파리 현지인 또는 파리를 자주 방문하는 사람, 단체 관광객을 대동한 여행사 가이드는 365일 사람들로 붐비는 대형 피라미드 입구가 아닌 비교적 사람이 적은 역피라미드쪽 통로를 선호한다. 또한 뮤지엄 패스를 판매하는 상점도 역피라미드가 있는 층에 위치해 있어 패스를 구입하고 바로 들어갈 수 있다는 이점이 있다. 다만 초행길에는 찾기 쉽지 않다. 만약 메트로를 타고 루브르 박물관을 방문한다면 연일 수많은 관광객들이 오가는 역인 만큼 나오는 길에 메트로 티켓을 불시

에 검사하는 검표원들이 줄지어 서 있는 곳이 역피라미드쪽 출구일 가능성
이 높다. 주로 그 통로에서 검표를 하기 때문이다.

　역에서 역피라미드로 향하는 길에 스타벅스가 아지트처럼 숨어있다. 아
지트라고 표현한 이유는 별도의 간판 없이 큰 유리창에 스타벅스 로고가 새
겨져 있어 정면에서 보기 전까지는 인지하기 어렵기 때문이다. 아케이드의
입지 조건 특성상 어디에서든 역피라미드를 볼 수 있도록 한 조치인듯싶다.
매장은 천장이 높아 복층 구조로 되어 있어 2층에 앉으면 큰 창 너머로 루브
르 박물관을 오가는 각양각색의 사람들을 볼 수 있다. 때문에 사람 관찰하기
를 좋아하는 나는 꼭 2층에 자리를 잡았다. 특히 뮤지엄 패스를 소지하고 루
브르 박물관을 둘러볼 때 피곤하면 이곳으로 나와 간단한 디저트와 음료를
마시고 사람 구경하며 쉬었다. 박물관을 오가는 사람들이 잠시 들르는 매장
으로 손님은 많지만 의외로 회전율이 좋아 점심시간 직후와 문 닫는 시간을
제외하면 금세 자리가 빈다.

전체적으로 공간 활용을 잘 한 편이지만 별도의 화장실은 없다. 대신이라고 하긴 뭐하지만, 아케이드 끝 쪽에 유럽에서도 보기 드물어진 유료 화장실이 있다. 만약 화장실이 가고 싶다면 모든 짐을 챙겨서 유료 화장실로 향해야 한다. 절대 한국처럼 지갑과 핸드폰만 챙겨서 나가면 안 된다. 그랬다가는 다시 돌아왔을 땐 아무것도 남지 않은 자리를 볼 수 있을 것이다. 화장실은 유료임에도 불구하고 주변에 화장실이 없어서인지 방문할 때마다 사람들로 붐빈다. 매장에 화장실은 없지만 전 세계 관광객들이 모이는 만큼 다양한 언어를 구사할 수 있는 파트너들은 있다. 구사할 수 있는 언어는 목 부분 옷 카라에 부착되어 있는 국기 배지를 보고 파악할 수 있다. 그렇게 한 번은 대한민국 국기 배지를 단 갈색 머리에 파란 눈동자의 외국인 파트너에게 한국어로 주문을 하는 재미난 경험도 해보았다.

Starbucks
99 Rue de Rivoli, 75001 Paris, France

걷고 싶은 거리 오~ 샹젤리제

세계 관광기구 기록에 따르면 프랑스는 부동의 1위 관광지이다. 글로벌 기업들은 이를 놓치지 않고 관광객들이 몰리는 곳에 전광판 광고 또는 플래그십 스토어를 운영하며 브랜드의 이미지 강화에 힘을 쏟는다. 뉴욕에는 타임스퀘어, 런던에는 피카딜리 서커스가 전광판 불을 밝히고 있다면 파리는 샹젤리제 거리가 특별한 광고판이 된다. 샹젤리제는 '엘리제의 들판'이라는 뜻으로 원래는 앙리 4세^{Henri IV, 1553-1610}의 부인 마리 드 메디시스^{Marie de Médicis, 1575-1642}가 조성한 산책로이다. 이를 나폴레옹 3세가 베르사유 궁전의 정원과 튈르리 정원을 설계한 안드레 르 노트르^{André Le Nôtre, 1613-1700}와 함께 대대적으로 정비하면서 콩코르드 광장^{Place de la Concorde}에서 개선문까지 길이 약 2.4km, 폭 약 70m의 거리가 탄생했다. 루브르 박물관에서부터 개선문까지 50여 분 걷는 동안 샹젤리제 거리는 사시사철 색다른 매력을 뽐내며 지루할 틈을 주지 않는다. 현대적인 전광판이 아닌 파리 감성 그대로 유명한 호텔, 명품숍, 편집숍, 레스토랑과 카페 등이 하나의 광고판이 되어 이곳에서 자신들을 뽐낸다. 덕분에 버스와 메트로가 잘 되어 있는 편인 파리에서도 공원과 상점들을 구경하는 재미에 마리 드 메디시스처럼 산책하듯 샹젤리제 거리를 거닐게 된다. 그리고 스타벅스 또한 예상치 못한 곳에 숨어있다.

샹젤리제 거리는 나에게 있어 파리 여행의 시작점이다. 파리에 도착하자 마자 숙소에 짐을 던져 놓고 가장 먼저 개선문으로 향한다. 너무 늦은 시간 에 도착한 때를 제외하고는 대부분 티켓을 구입해 272개 계단 위 개선문 전 망대에 올라 방사형으로 뻗은 파리의 열두 갈래 길을 바라보며 파리에 왔음 을 실감한다. 나폴레옹 1세가 1806년 이탈리아와 오스트리아 연합군을 물 리치고 이를 기념하기 위해 세운 곳인 만큼 나 또한 파리를 정복하러 왔다는 포부랄까. 물론 나폴레옹 1세는 살아생전 개선문의 완공을 보지 못했지만 말이다. 울적한 일이 있거나 인생에서 전환점이 필요할 때 찾는 파리인 만큼 번뇌를 떨치듯 개선문 계단을 오르고, 내려와서는 모든 것을 씻어 내리듯 스 타벅스에서 시원한 아이스 아메리카노 한 잔을 마신다.

샹젤리제 거리의 스타벅스는 최고의 광고판이라 할 수 있는 거리에 간판을 두지 않고 있다. 마치 잠깐 동안 홍보를 위해 문을 연 플래그십 스토어처럼 갤러리 데 아케이드^{Galerie des Arcades} 정중앙에 자리 잡고 있지만 몇 년째 자리를 지키고 있는 정식 매장이다. 간판도 없고 찾기 쉬운 위치도 아니지만 어떻게들 찾아오는지 연일 사람들로 가득하다. 1년 반 전까지만 해도 주변 상점들과 달리 새벽 1시까지 손님들을 맞이해 파리 밤거리를 여행하는 관광객들의 쉼터이자 옹달샘 역할을 해주었지만 최근에 들어서 오후 11시까지로 영업시간을 변경했다.

Starbucks
76-78 Av. des Champs-Élysées, 75008 Paris, France

CAFE LIST

라뒤레 샹젤리제 Ladurée Paris Champs-Élysées

라뒤레 Ladurée 는 피에르 에르메 Pierre Hermé 와 같이 파리에서 흔히 볼 수 있는 마카롱 체인점이지만 샹젤리제 거리에 위치한 라뒤레 만큼은 그 위용부터 남다르다. 1862년 루이 어니스트 라뒤레 Louis Ernest Ladurée 가 처음 문을 연 라뒤레는 당시 여성들이 방문하기 어려웠던 카페 대신 편안하게 차를 마시며 담소를 나눌 수 있는 살롱 드 테 Salon de Thé 문화를 개척하며 사교계의 온상이 되

었다. 이후 홀더 그룹The Holder Group과 함께 새로운 도약을 하며 1997년 라뒤레 샹젤리제를 오픈한다. 라뒤레 샹젤리제의 문은 바로크 양식의 장식과 라뒤레의 상징인 파스텔 톤의 옐로우 그린 색상을 휘감아 어디에서든 눈에 띈다. 덕분에 파리에서 친구를 만날 때면 꼭 이 문 앞에서 약속을 잡는다. 1층은 마카롱 같은 디저트를 포장 판매하는 공간과 샹젤리제 거리를 곁에 둔 테라스를 운영하고 있고, 2층은 프랑스 유명 건축가이자 인테리어 디자이너인 자크 가르시아Jacques Garcia가 디자인한 살롱 드 테가 있다. 2층은 주로 예약석으로 운영되고 있어 간단하게 차와 디저트를 먹을 때에는 1층 테라스 자리로 안내받는다. 테라스 좌석에 앉아 샹젤리제 거리를 내다보며 색색깔의 마카롱과 겹겹이 쌓여있는 얇은 페이스트리에 크림을 채운 밀푀유, 그리고 카푸치노 한 잔을 하고 있노라면 파리에 와 있음을 실감하게 된다.

75 Av. des Champs-Élysées, 75008 Paris, France

센 강 한가운데 위치한 시테 섬^{Cité}의 노트르담 대성당은 역에서 10분도 걸리지 않지만 성당으로 들어서는 긴 줄에 긴장하며 주변을 둘러보다 보면 언제나 마지막은 목이 마르다. 그럴 때마다 근처에 그럴듯한 카페가 없어 아쉬웠는데 노트르담 대성당 길 건너편 셰익스피어 앤 컴퍼니 서점에 카페가 생겼다. 셰익스피어 앤 컴퍼니는 제2차 세계대전 종전 후 고국으로 돌아가지 않고 프랑스에 정착하기로 결심한 조지 휘트먼^{George Whitman, 1913-2011}이 17세기 초 지어진 수도원 건물에 1951년 문을 연, 영어로 된 책을 판매하는 서점이다. 책 더미 사이사이의 소파베드는 낮에는 의자로 저녁에는 침대가 되어 파리를 떠도는 작가, 예술가 등의 쉼터가 되어주었고, 때때로 시 낭송, 피아노 연주 등 문화 행사가 열리는 장으로 활용되기도 했다. 영국 소설가 로렌스 더럴^{Lawrence Durrell, 1912-1990}, 미국 소설가 헨리 밀러^{Henry Miller, 1891-1980}, 퓰리처상에 빛나는 소설가 윌리엄 스타이런^{William Styron, 1925-2006}, 영화배우 에단 호크^{Ethan Hawke} 등이 이곳에서 영감을 얻은 단골 손님으로 꼽힌다. 할리우드 영화 〈비포 선셋^{Before Sunset, 2004}〉에서 주인공 두 사람이 10년 만에 극적으로 재회하는 장면이 셰익스피어 앤 컴퍼니로 나오면서 전 세계적으로 알려졌다. 영화가 개봉한지 15년이 지났지만 식을 줄 모르는 인기는 관광객을 쉴 새 없이 불러 모으고 사진 세례로 몸살을 앓다가 몇 년 전부터 내부 촬영이 금지되었다. 또한 쉴 수 있는 공간과 메모를 남길 수 있는 공간도 많이 축소되었다.

2015년 문을 연 셰익스피어 앤 컴퍼니 카페는 서점 옆에 위치한 1970년대 건물을 매입해 타일 바닥과 고대 석조 벽 등을 유지하면서 창밖으로는 노트르담 대성당이 한눈에 보이도록 통 유리창을 배치하는 등의 리모델링을 했다. 카페 운영에 대한 노하우는 뉴욕 출신 마크 그로스만^{Marc Grossman}이 설립한 베이크 숍과 공동 운영하며 채웠고, 메뉴는 주변 카페를 물색하여 원두를 선택하고, 셰익스피어 앤 컴퍼니 카페에서만 맛볼 수 있는 레시피 등을 개발하면서 서점의 명성에 편승하지 않는 독자적인 길을 개척하고 있다. 기본적으로 홈메이드 베이글, 샐러드, 수프, 쿠키 등을 판매하고 있으며, 한국 샐러드^{Korean Salad}라고 적힌 메뉴도 찾아볼 수 있다. 서점만 운영했을 때에는 기념엽서만 있었는데, 카페에서는 에코백, 파우치 등 다양한 상품을 판매하고 있다. 에코백에는 셰익스피어 앤 컴퍼니가 그려져 있어 소장 가치 100%이다. 체인점을 오픈하지 않는 한 파리에서만 구입할 수 있는 기념품이라 간혹 서울에서 셰익스피어 앤 컴퍼니의 에코백을 보면 괜히 반가운 마음이 든다.

37 Rue de la Bûcherie, 75005 Paris, France

오스트리아
비엔나

　친구 따라 강남 간다고 친구 따라 오스트리아 비엔나에 다녀왔다. 언제나 떠날 기회를 엿보며 매일 자기 전 습관처럼 항공권을 검색하고 있어 미서부 60만 원대, 미동부 80만 원대, 유럽은 50만 원에서 70만 원대를 해당 지역별 지불할 수 있는 적정 가격으로 두고 일정이 맞으면 떠난다. 오스트리아 비엔나도 마침 컨퍼런스에 참석하는 친구와 일정을 맞출 수 있었고, 항공권 또한 70만 원대로 맞아떨어져 함께 여행을 시작하게 되었다. 오스트리아는 유럽 여행이 흔하지 않았던 2000년대, 한번 유럽 배낭여행을 떠나면 30여 일 동안 얼마나 많은 나라를 여행했는지가 자랑이 되었던 때에 번갯불에 콩 구워 먹듯 지나쳐 다시 한번 가보고 싶었던 나라 중 하나였다. 유럽의 겨울은 해가 일찍 지고 매섭게 추워 긴장됐지만 비엔나 관광 명소마다 열리는 700여 년의 역사에 빛나는 크리스마스 마켓과 유네스코 무형문화유산에 등록된 커피 하우스에 대한 설렘은 긴장감을 녹이기에 충분했다.

역사가 살아 숨 쉬는 도시

오스트리아 비엔나는 도나우 강Donau을 따라 위치한, 과거와 현재가 살아 숨 쉬는 도시이다. 640여 년간 합스부르크 왕가Habsburg의 독재와 두 번의 세계대전을 겪었음에도 불구하고 옛 영광 그대로의 모습을 간직하고 있다. 합스부르크 왕가는 13세기 후반부터 20세기 초반까지 오스트리아 비엔나에 뿌리를 내리고 오스트리아–헝가리 제국을 넘어 유럽 전반의 경제, 정치, 문화 발전을 이룩했다. 멀게만 느껴지는 합스부르크 왕가이지만 프랑스 루이 16세Louis XVI, 1754-1793의 왕후 마리 앙투아네트Marie Antoinette, 1755-1793는 익히 들어봤을 텐데, 마리 앙투아네트가 바로 18세기 합스부르크 왕가의 유일한 여성 통치자인 마리아 테레지아Maria Theresia, 1717-1780의 딸이다. 마리아 테레지아는 신성 로마제국의 황제 프란츠 1세Francis I, 1708-1765의 배우자로 둘 사이에는 앙투아네트를 포함해 16명의 자녀가 있었으며, 대부분의 자녀가 유럽 왕실과의 연대 형성을 위해 정략 결혼을 한 것으로 유명하다.

　오스트리아는 18세기 계몽군주 시기를 지나 19세기 도시 재생 사업과 함께 근대화의 꽃을 피운다. 도시 재생 사업의 일환으로 시행한 링슈트라세 Ringstraße 프로젝트는 황제와 시민의 포럼으로 진행되었으며, 호프부르크 왕궁 Hofburg을 중심으로 동그랗게 에워싼 5.3km 도로 건설 및 도심 개발로 이어졌다. 지금도 화려하게 아름다움을 뽐내는 비엔나 시청 Rathaus, 자연사 박물관 Naturhistorisches Museum Wien과 미술사 박물관 Kunst Historisches Museum 등이 당시 세워진 공공건물이다. 현대에 들어와 링슈트라세 외곽까지도 도시 계획을 전개하고 있지만 여전히 문화의 중심은 링슈트라세 안에 집중되어 있고, 이를 반영하듯 매해 11월 중순부터 12월 크리스마스까지 한 달여 기간 동안 운영되는 20여 곳의 크리스마스 마켓 또한 링슈트라세 중심이다. 오랜 기간 오스트리아에 영향을 끼친 합스부르크 왕가는 제1차 세계대전에서 패전하면서 그간의 통치를 마감했다. 하지만 왕궁을 중심으로 세워진 링슈트라세의 근대 건축물, 왕국과 함께 문화 부흥을 일으킨 하이든 Franz Joseph Haydn, 1732-1809과 모차르트 Wolfgang Amadeus Mozart, 1756-1791, 유럽의 혁신적인 예술을 이끈 구스타프 클림트 Gustav Klimt, 1862-1918와 에곤 실레 Egon Schiele, 1890-1918의 자취가 오스트리아 곳곳에 남아있다.

비엔나의 커피 하우스 문화

합스부르크 왕가는 17세기 오스만 제국^{Ottoman Empire} 군대에 두 번이나 포위되었으며 함락 당할 위기에 처한다. 이에 자신들을 도와줄 수 있을 것 같은 폴란드에 도움을 청하려 했지만 비엔나 성벽을 에워싼 오스만 제국의 군대를 따돌릴 방법을 찾지 못했다. 그러던 중 여러 언어에 능통했던 우크라이나 출신 폴란드 통역관 예르지 플란츠 쿨쉬츠키^{Georg Franz Kolschitzky, 이하 쿨쉬츠키}가 묘책을 제안한다. 직접 오스만 제국의 군인으로 위장하고 군대를 따돌려 폴란드에 비엔나의 위기 상황을 전하겠다고 한 것이다. 그리고 그는 너무나도 쉽게 해냈다. 폴란드 지원 병력과 함께 합스부르크 왕가로 돌아와 오스만 제국의 군대로부터 비엔나를 지켜낸 것이다. 그는 공로를 인정받아 집과 상당한 액수의 돈을 포상으로 받고, 오스만 제국의 군대가 다급히 후퇴하며 놓고 간 몇 백 자루의 커피 콩도 함께 받는다. 당시 오스트리아에는 커피가 없어 군대가 놓고 간 커피 콩의 용도를 알지 못했고 단순히 낙타의 먹이라 여겨 버리려 했다. 하지만 쿨쉬츠키는 그동안 오스만 제국을 방문하며 커피에 대해 알고 있었고, 가치가 있다 여겨 달라고 요청한 것이다. 그는 몇 번의 실험을 통해 비엔나인들의 입맛에 맞춘 커피를 개발할 수 있었고, 푸른 병 밑의 집

이라는 뜻의 '호프 추어 블라우엔 플라쉐Hof zur Blauen Flasche' 커피 하우스를 오픈해 커피에 크림을 더한 비엔나 커피를 선보였다.

커피 산업은 꾸준히 성장해 19세기에 들어서는 비엔나 커피 하우스Kaffee-haus가 전성기를 맞이하게 된다. 지그문트 프로이트Sigmund Freud, 1856-1939, 알프레드 아들러Alfred Adler, 1870-1937, 구스타프 클림트 등 이름만 들어도 알만한 오스트리아의 저명한 인사들은 모두 커피 하우스를 찾았다. 그들은 커피 하우스에서 세계 각국의 신문을 읽으며 생각을 나누거나 고뇌의 글을 썼다. 덕분에 비엔나 커피 하우스는 오스트리아 문화 형성의 중심에 서게 되고, 이를 따라 프라하, 부다페스트 등 합스부르크 왕가에 속한 다른 도시들도 커피 하우스를 오픈하게 된다. 18세기 유럽을 강타한 로코코Rococo 양식의 고풍스러운 유럽 저택 거실 분위기를 자아내는 커피 하우스 내부는 우아한 샹들리에, 대리석 상판의 원형 테이블, 벨벳 또는 천 커버를 씌운 의자, 융단이 깔린 바닥을 기본으로 보타이를 한 격식 있는 점원들이 레스토랑과 같은 높은 수준의 접객 서비스를 행했다. 또한 다양한 종류의 커피, 주류, 독특한 페이스트리, 식사 메뉴, 그리고 신문을 제공했다. 지금은 분주한 관광객들로 채워진 자리에서 당시 오스트리아인들은 오랜 시간을 할애해 커피 하우스를 즐겼다. 혼자 글을 쓰거나 여럿이 쟁점에 대해 토론 하거나 가볍게 카드 게

임 또는 당구를 하기도 하고 개인적인 우편물을 배달 받기도 했다. 또한 저녁에는 은은한 피아노 연주를 선보이기도 하고 문학 작품을 낭독하는 등 사교 행사를 열기도 했다.

하지만 20세기 중반에 들어서 이탈리아의 현대적인 에스프레소 바가 오스트리아로 진출하며 대중적이지 못했던 비엔나 커피 하우스는 위기에 봉착한다. 대부분의 커피 하우스가 폐쇄될 때쯤 가까스로 정부 차원에서 전통에 대한 관심을 보이고, 관광지로서의 역할이 재조명되면서 몇몇 커피 하우스가 명맥을 잇게 된다. 그렇게 남은 곳이 지그문트 프로이트의 단골 커피 하우스로 알려진 카페 란트만^{Café Landtmann}, 세계적인 작가 토마스 베른하르트^{Thomas Bernhard, 1931-1989}가 선호한 카페 브로이너호프^{Café Bräunerhof}, 19세기 작품들이 즐비한 5성급 자허 호텔^{Hotel Sacher Wien} 내 위치한 카페 자허^{Café Sacher}이다. 카페 란트만은 그때 그 모습을 유지하며 비엔나 커피와 맥주로 관광객들의 사랑을 받고 있으며, 카페 브로이너호프는 작은 오케스트라와 함께 클래식 음악을 연주하는 라이브 카페로 옛 사교 행사의 정취를 느낄 수 있게 한다. 카페 자허는 오스트리아 대표 디저트로 꼽히는 초콜릿 스펀지 케이크 자허 토르테^{Sacher Torte}를 180년 넘게 내려오는 레시피로 만들어 명물로 꼽힌다. 이렇게 얼마 남지 않은 비엔나의 커피 하우스 문화는 오랜 역사와 전통을 간직하며 2011년 유네스코 무형문화유산^{UNESCO. Intangible Cultural Heritage}에 이름을 올렸다.

Café Landtmann
Universitätsring 4, 1010 Wien, Austria

Café Sacher
Schwarzstraße 5-7, 5020 Salzburg, Austria

비엔나 커피 프랜차이즈 카페

　오스트리아는 밀도 높은 커피 시장을 가지고 있는 만큼 비엔나 전통 커피와 페이스트리를 판매하는 자체 프랜차이즈 카페도 있다. 비엔나 링슈트라세를 중심으로 위치한 아이다^Aida^는 1921년 설립된 대중적인 에스프레소 바이자 페이스트리 숍으로 비엔나에서만 만날 수 있다. 아이다는 핑크색 포인트 컬러와 다양한 종류의 페이스트리, 케이크가 특징이다. 멀리서도 눈에 띄는 핑크색 간판을 따라 들어가면 비엔나 현지인들의 분주한 출퇴근 풍경을 볼 수 있다. 아침 출근 시간에는 간단하게 먹을 수 있는 샌드위치와 커피, 저녁 시간에는 온 가족이 식사 또는 디저트로 먹을 수 있는 페이스트리와 케이크를 판매한다. 또 다른 프랜차이즈 카페는 150년 전통의 율리어스 마이늘^Julius Meinl^이다. 율리어스 마이늘의 상징은 빨간색 터키식 모자를 착용한 소년 일러스트로 카페 운영 외에도 커피 원두 및 고급 식료품 등을 함께 판매하고 있다. 율리어스 마이늘은 비엔나를 비롯 오스트리아 전역, 나아가 유럽, 미국, 호주까지 진출해 있으며, 비엔나 국제공항^Vienna International Airport^ 면세점에도 율리어스 마이늘 카페와 커피 원두 판매점을 만날 수 있다. 덕분에 비엔나를 떠나는 마지막 날 아쉬움을 덜기 위해 이곳 카페에서 마지막 비엔나 커피를 마시고 원두를 구입하기도 한다.

　진한 비엔나 커피 하우스 문화가 자리 잡은 곳에 이탈리아 에스프레소 바의 진출은 예상 외의 큰 타격을 입혔지만, 미국 커피 체인점인 스타벅스 커피의 진출은 사뭇 다른 양상을 보인다. 1996년 일본 진출을 시작으로 세계 진출 단계를 밟아 온 스타벅스는 2001년 본격적인 유럽 진출과 함께 오스트리아 비엔나에도 둥지를 틀었다. 야심 차게 출발한 비엔나 스타벅스 1호점은 커피 하우스 문화의 대표 명소 사이에서 3년 넘게 고전을 면치 못했다. 이때 오픈한 비엔나의 첫 번째 매장 위치는 비엔나 커피 하우스 문화의 주축인 카페 자허Café Sacher와 카페 모차르트Café Mozart 사이였다. 초기 정착을 위해 현지인은 물론 관광객의 힘을 빌려야 했지만, 이왕이면 비엔나 커피를 마시고, 비엔나 커피 하우스 문화를 즐기고자 하는 관광객들의 욕구를 간과한 것이다.

　또한 당시 흡연이 가능했던 커피 하우스와 달리 금연을 선택한 스타벅스는 오스트리아인들에게 혁신이라기보다 불편함을 야기했다. 때문에 스타벅스로 향하는 발걸음보다 카페 자허 또는 카페 모차르트로 향하는 발걸음이 더 많았으리라 예상해본다. 비엔나를 배낭여행 했던 당시의 많은 부분이 기억나지 않지만 카페 자허, 카페 임페리얼Café Imperial 만큼은 기억하고 있다. 모두 현대식 편리함은 더했지만 옛 모습은 잃지 않은 그대로 간직하고 있는 부분들이 많은 곳이었다. 고풍스러운 인테리어에 보타이를 한 격식 있는 점원이 테이블로 다가와 1~2시간씩 서비스를 해주는 커피 하우스는 다양한 종류의 비엔나 커피와 커피 하우스만의 특별한 디저트 메뉴를 맞춤형 식기에 담아 은색 쟁반에 숟가락, 네모난 초콜릿, 물과 함께 제공했다. 반면 스타벅스는 글로벌 체인점으로서의 방침에 따라 간소한 인테리어, 셀프서비스에 한정된 커피 종류와 규격에 맞춘 종이컵 또는 플라스틱 컵을 사용하며 비엔나 커피 하우스 문화와는 정반대의 서비스로 이질감을 형성했다.

비엔나 커피 하우스 콘셉트의 스타벅스

결국 카페 자허와 카페 모차르트 사이에 위치했던 비엔나 스타벅스 1호점은 문을 닫고 말았다. 비엔나에 진출하면서 매달 매장 확장을 이어 나갈 것이라 밝혔던 포부가 꺾인 것이다. 하지만 이후 스타벅스는 회심의 현지화 전략을 통해 새롭게 변모했고 현재는 오스트리아 인구 20%가 살고 있는 비엔나를 비롯, 잘츠부르크에 총 18개(2020년 기준)의 스타벅스를 운영하고 있다. 새롭게 시작한 비엔나 스타벅스는 합스부르크 왕가의 거처였으며 7세기에 걸쳐 증축되면서 규모를 확장한 호프부르크 궁전 인근에 비엔나 전통 커피 하우스의 모습을 띄고 오픈했다. 호프부르크 궁전은 일부는 박물관으로 개방되어 있고 일부는 현 대통령의 집무실로 사용되고 있다. 그리고 궁전의 정문이라 할 수 있는 반 원형의 미하엘 문 Michaelertor 앞 광장에는 과거와 현재를 오가는 관광마차 피아커 Fiaker가 정차해 있다.

비엔나의 전통적인 커피 하우스 콘셉트의 스타벅스는 외관부터 오래된 디저트 상점 같은 모습으로 미하엘 문 앞 광장에 위치해 있다. 1862년 세워진 미하엘 성당 건물 1층 일부를 사용하고 있는 스타벅스는 이전 상점의 창문과 몰딩 등을 그대로 유지하고 있다. 또한 비엔나 레스토랑이나 카페 등에서 볼 수 있는 외부 좌석과 파라솔도 준비되어 있다. 내부 또한 외관과 마찬가지로 본래의 모습을 해치지 않으면서 스타벅스 브랜드가 가미되었다. 전체적으로 아치형이라 동굴 안에 들어온 듯한 느낌을 자아내는 매장은 너른 창으로 비엔나의 중심 호프부르크 궁전과 오고 가는 피아커를 볼 수 있어 이색적이다. 또한 합스부르크 왕가가 개혁과 계몽을 시작한 18세기 성행했던 바로크 양식의 무늬 벽지가 한쪽 벽면을 채우고 있으며, 벽지 색상과 동일한 색상의 벨벳과 천 커버를 씌운 의자, 대리석 상판의 원형 테이블, 그리고 비엔나 드립 커피의 역사를 형상화 한 인테리어를 갖추고 있다. 어디에서도 볼 수 없는 비엔나만의 독특한 매장 인테리어에 매료되어 수일 동안 여행하

Starbucks
Reitschulgasse 4, 1010 Wien, Austria

며 이곳만 세 번 방문했다.

더불어 메뉴에도 변화를 주었다. 오스트리아인들이 즐겨 먹는 페이스트리를 비롯해 케이크, 브라우니, 건강식 스무디, 그리고 다양한 초콜릿 메뉴가 추가되었다. 번 캐러멜 브라우니, 캐러멜 피칸 브라우니, 글루텐 프리 초콜릿 브라우니 등 베이커리뿐만 아니라 음료에도 초콜릿 메뉴가 추가되어 캐러멜 핫 초콜릿, 화이트 초콜릿 모카 등도 맛볼 수 있다. 단 음식을 좋아한다면 추운 겨울 호프부르크 궁전 관람 후 이곳에 들러 캐러멜 핫 초콜릿 한 잔 마시기에 딱 좋다. 건강식 스무디는 딸기와 수박이 들어간 스무디, 녹즙 스무디, 시원한 오이 스무디 등이 있어 식사 대용 또는 속이 좋지 않을 때 마시면 좋다. 비엔나 커피 하우스 콘셉트의 스타벅스는 이국적인 느낌으로 관광객들의 발길을 붙잡으며, 현지인들에게는 익숙함으로 다가가고 있다.

봄 여름 가을 겨울

언제부터인가 스타벅스를 통해 계절이 오고 감을 체감하고 있다. 바쁜 일상 속에서 출퇴근 시간을 제외하고는 날씨를 느끼거나 하늘 한 번 바라볼 찰나의 여유도 갖기 어렵다. 그런데 모닝 커피를 구입하기 위해 방문하는 스타벅스 카운터 앞에 꽂혀 있는 카드에서, 계절 한정 메뉴라 소개되는 메뉴에서, 진열장에 나열되어 있는 상품들에서 계절의 변화를 느끼고 있다.

봄

봄에는 기본적으로 꽃과 나무, 나비의 일러스트가 담겨있는 카드와 상품들이 출시된다. 또한 2012년부터는 새로운 한 해를 알리는 십이지 새해 카드를 출시하고 있다. 십이지 새해 카드는 각 해를 상징하는 용, 뱀, 말, 양 등의 십이지가 그려져 있으며, 초기에는 아시아권에서만 볼 수 있었으나 현재는 영미권에서도 나오고 있다. 그리고 새해를 알리는 해피뉴이어 Happy New Year 카드도 추가되었다. 다만 해피뉴이어는 1월 1일, 십이지 카드는 음력 새해 Lunar New Year 를 기준으로 선보인다. 영미권의 십이지 새해 카드는 '말의 해 Year of the Horse' 등 각 해의 십이지 이름과 중국의 새해 인사인 '신니엔

콰이러^{新年快乐}'가 한자로 함께 적혀 있다. 매해 십이지 새해 카드는 한 종류로 시작했는데, 한국에서는 2014년부터 매해 두 종류가 출시된다. 당시 청마의 해를 맞이한 한국에서는 전 세계 공통인 홍색 말 외에 청색 말 카드도 출시되었다. 한국 한정이고 청마의 해를 담아냈다는 희귀성에 지금까지도 이베이에서 높은 가격에 거래되고 있다. 그리고 한국과 일본에서는 각각 벚꽃을 의미하는 카드가 체리블라썸^{Cherry Blossom}, 사쿠라^{さくら}라는 이름으로 출시되고 있다.

여름

시원한 바닷가가 떠오르는 여름에는 선글라스, 해변, 비 등의 일러스트가 담긴 스타벅스 카드를 전 세계적으로 출시하고 있다. 때로는 네모 반듯한 카드 대신 프라푸치노를 연상시키는 컵 모양의 카드가 나오기도 한다. 일본에서는 매해 여름마다 한 여름 밤의 불꽃놀이 축제를 상징하는 하나비^{はなび} 카드와 열쇠고리로 활용할 수 있는 다양한 미니 카드를 출시한다. 그 외 각 나라에서도 고래 꼬리 모양 카드, 수박 모양 카드 등 여름을 상징하는 카드들

이 다양하게 출시된다. 한국에서는 카드보다도 여름에 시작하는 이프리퀀시e-frequency 이벤트가 주목받는다. 계절 한정 음료를 포함해 일정 수량을 채우면 특별한 선물을 주는데 이를 모으기 위한 사람들의 열정이 매해 이슈가 되고 있다.

가을

찰나에 스쳐 지나가는 가을은 낙엽 일러스트에 영어로 가을Fall이라 적힌 카드가 주를 이루고 간혹 낙엽 모양의 카드가 시리즈로 나오기도 한다. 미국과 일본에는 가을 끝자락인 10월 31일 할로윈을 맞이해 해피 할로윈Happy Halloween 카드가 출시되는데, 2019년부터는 한국에서도 할로윈 카드를 볼 수 있게 되었다. 미국에서는 2019년 처음으로 친환경 종이 소재를 활용해 가을 카드와 할로윈 카드를 출시했다.

겨울

　스타벅스에는 조금 이른 크리스마스가 찾아온다. 10월 31일 할로윈이 끝나자마자 재빨리 크리스마스 분위기의 환경 조성이 이루어지고 크리스마스 한정 제품들이 자리를 메우기 시작한다. 크리스마스 한정 제품들은 두 달에 걸쳐 크리스마스를 맞이하는 만큼 1부, 2부에 걸쳐 각각 다른 디자인으로 출시된다. 크리스마스 카드 또한 동일하다. 주로 크리스마스 트리, 눈사람은 물론 '메리 크리스마스 Merry Christmas', '해피 홀리데이 Happy Holiday' 등 문구가 적혀있거나 크리스마스 리스, 산타 등이 등장하는 카드들이 줄줄이다. 카드 종류가 많다 보니 한국에서는 4주 동안 매주 화요일마다 새로운 크리스마스 카드를 선보인다. 하지만 미국과 캐나다에서는 크리스마스 선물 대용으로 사용하는 스타벅스 카드의 활용 빈도가 높아짐에 따라 여느 나라보다도 많은 수의 카드가 출시되고 있다. 2016년에는 99 종류의 크리스마스 카드를 선보여 전 세계 스타벅스 카드 콜렉터들을 깜짝 놀라게도 했다. 그 외 오너먼트로도 사용할 수 있을 만큼 큼지막한 크기의 카드와 크리스마스 엽서로 사용할 수 있도록 봉투와 함께 포장되어 있는 카드, 종이로 된 카드, 움직이는 카드 등 다양한 형태가 있다. 한국을 비롯한 아시아권에서는 겨울 한정이프리퀀시 이벤트를 통해 일정 수준 이상의 음료 구입 시 다이어리를 증정한다. 나는 2007년 첫 스타벅스 다이어리를 득템했다. 그동안은 다양한 디자인이었는데 2015년부터 몰스킨과의 콜라보레이션으로 일정한 규격의 다이어리를 선보이고 있다.

네덜란드
암스테르담

KLM 항공을 타고 유럽으로 향하는 길, 네덜란드 암스테르담 스키폴공항^{Amsterdam Airport Schiphol}에서 10시간 정도 레이오버^{Layover}를 하게 됐다. 레이오버는 경유지에서 24시간 미만 머무는 것을 말한다. 흔히 말하는 스톱오버^{Stopover}는 레이오버와 달리 24시간 이상 머무를 때를 말하지만 둘 다 시간 차이만 있을 뿐 국가에 따라 비자 없이도 공항 밖으로 외출이 가능하다. 아직까지는 여유 자금보다 시간이 더 많은 관계로 직항보다 레이오버 또는 스톱오버가 껴 있는 경유를 선택한다. 때때로 레이오버임에도 시간이 길고 공항에서 도심까지 거리가 멀지 않을 때에는 이를 이용해 최종 목적지와 별개로 여행지 한곳을 더 여행하는 기분을 내기도 한다. 암스테르담 스키폴공항은 도심까지 15분 거리밖에 되지 않아 최소 8시간만 레이오버를 하더라도 잠시 바깥에 다녀올 만하다. 암스테르담은 초행길도 아니었고 10시간이면 시내 위치한 스타벅스를 방문하기에는 충분해 공항에서 나와 재빨리 기차를 타고 중앙역^{Amsterdam Centraal}으로 향했다.

은행 지하 금고에 생긴 스타벅스

KLM을 타고 암스테르담 스키폴공항에 레이오버한 건 이번이 처음은 아니었다. 보통은 2~3시간 정도로 경유 시간이 짧은 비행기를 선택하고, 공항 라운지에서 샤워하고 음식을 먹은 후 바로 환승 비행기를 탔다. 하지만 이번에는 스타벅스의 새로운 머그 시리즈 '유아히어' 컬렉션You Are Here Collection의 암스테르담 머그를 구입하고 싶어 적당한 시간의 레이오버가 있는 비행기를 선택하게 되었다. 그렇게 중앙역에 도착해 심심할 틈이 없이 암스테르담 특유의 사이 뱃길인 운하를 따라 20여 분 정도 걸어 조그마한 렘브란트 광장Rembrandtplein에 다다랐다.

렘브란트 광장은 네덜란드의 유명한 화가 렘브란트Rembrandt Harmenszoon van Rijn, 1606-1669를 기념해 만들어졌으며 그와 그의 작품 〈야간순찰The Night Watch〉 속 인물들이 동상으로 세워져있다. 그 모습이 진풍경이어서 날이 좋은 때면 많은 사람들이 이곳 렘브란트 광장에 들렀다가 렘브란트 하우스 박물관Museum Het Rembrandthuis을 방문하곤 한다. 아니면 렘브란트 하우스 박물관 방문 후 렘브란트 광장을 방문하거나. 박물관은 렘브란트가 30년의 세월을 보낸 곳으로 그때 그 모습 그대로 재현해 놓아 한번쯤 방문해볼 만하다.

　그리고 렘브란트 광장에는 또 다른 볼거리가 하나 더 있다. 바로 공식적인 유럽 최초의 스타벅스 콘셉트 스토어인 렘브란트 광장 은행 스타벅스 STARBUCKS The Bank Rembrandtplein, 이하 더 뱅크 스타벅스이다. 더 뱅크 스타벅스는 광장에서 가장 큰 건물인 더 뱅크The Bank 건물에 입점해 있다. 이 건물은 1926년 네덜란드 건축가 헨드리크 베를라헤 Hendrik Petrus Berlage, 1856-1934와 베르트 아훈다흐Bert Johan Ouëndag, 1861-1932이 네덜란드 은행의 암스테르담 본사를 위해 설계한 역사적인 건물이다. 하지만 현재는 이름만 더 뱅크일 뿐 임대형 회사 건물로 운영되고 있다. 1층 건물 바깥으로 나 있는 계단을 따라 내려가면 통창으로 비교적 환하게 빛나는 반지하에 매장이 있다. 옛 네덜란드 은행의 지하실 금고로 활용되었으며 430m²약 130평 규모의 꽤 넓은 공간이다.

　기존 지하실 금고의 골조를 제외하고 리모델링한 이곳은 2007년 스타벅스 디자인 스튜디오에 합류한 네덜란드 출신 디렉터 리즈 뮐러Liz Muller의 작품이다. 그녀는 2013년 첫 번째 로스터리인 스타벅스 리저브 로스터리 시애틀Starbucks Reserve Roastery Seattle을 디자인했으며 그 외 리저브 매장, 프리미엄 매장, 프린시Princi 베이커리 등의 디자인 콘셉트와 비전, 전략을 기획했다. 그녀는 다양한 지역 예술가들과의 협업과 환경을 책임지는 디자인으로 유명하다. 2012년 문을 연 더 뱅크 스타벅스 또한 이러한 요소들이 가미되었고, 이는 당시 전 세계적으로 매장을 확장하는 데에만 급급했던 스타벅스 경영활동에 한 획을 긋는 일이었다.

반지하의 더 뱅크 스타벅스는 네덜란드의 역사와 지역의 전통을 담아낸 공간이다. 암스테르담은 17세기 유럽에서 가장 큰 항구도시로 상인들을 통해 전 세계로 커피를 보급했다. 또한 주로 따뜻한 커피가 소비되었던 때 바다에서 보내는 긴 시간 동안 다량의 커피를 양조할 수 있도록 차갑게 내려 마시는 더치커피Dutch Coffee를 개발하기도 했다. 덕분에 네덜란드는 커피에 대한 역사가 깊은 것뿐만 아니라 커피의 유통, 생활 밀접형 커피 개발 등 다양한 방향으로 발전할 수 있었다. 그렇기에 더 뱅크 스타벅스에서도 혹시나 더치커피를 마실 수 있지 않을까 기대 했지만 별도의 값비싼 메이커가 필요하고 오랜 시간 커피를 내려야 한다는 점에서 수지 타산이 맞지 않았는지 이곳은 물론 네덜란드 스타벅스 어디에서도 더치커피는 마실 수 없었다. 대신 리즈 뮐러 디렉터를 필두로 35명의 현지 예술가가 참여한 매장의 천장, 벽면, 바닥, 가구 등 요소요소 모두에 네덜란드의 역사와 지역의 전통을 담아냈다. 매장은 계단식으로 위에서부터 가장 아래에 있는 바리스타의 공간이 한눈에 들어와 한층 한층 구경하며 내려가는 동안 어디서든 주문이라는 목적을 잃지 않고 매장 안을 항해할 수 있다. 반지하임에도 불구하고 바깥으로 나있는 통창의 햇살과 네덜란드 오크 나무를 손으로 제각각 잘라낸 1875개의 천장 조각이 전체적으로 화사한 분위기를 자아낸다. 또한 현지 예술가들은 지하 금고였을 당시의 자재들과 어우러질 수 있도록 중앙에는 더 뱅크 스타벅스 맞춤형 오크 테이블, 지역 학교에서 회수해 온 다양한 모양의 의자 등을 배치하고, 커피 콩 수송을 위해 사용한 삼베 자루를 활용하여 네덜란드 상인의 커피 역사가 그려진 벽화를 만들어 놓았다.

매장 안을 둘러보면 스타벅스라기보다는 네덜란드의 작은 자연주의 도서관에 방문한 듯한 느낌을 받는다. 그만큼 현지의 디자이너들과 융합하여 네덜란드 만의 색다른 스타벅스를 탄생시킨 것이다. 또한 더 뱅크 스타벅스는 매장 내에서 직접 빵을 만들어 아침에는 크루아상을, 오후에는 쿠키를 제공하고 있다. 비록 더치커피는 마실 수 없었지만 주변 관광지를 둘러본 후 매장에 들러 스타벅스 최초로 설치된 클로버Clover® 양조 시스템을 이용해 내린 에스프레소 한 잔과 매장에서 직접 만든 쿠키를 먹으며 비행시간이 다가오는 것을 기다렸다. 물론 유아히어 컬렉션 암스테르담 머그 득템과 함께.

레이오버로 최소 8시간 정도 암스테르담에 머물 경우 중앙역을 거쳐 운하, 구교회Oude Kerk, 렘브란트 광장, 렘브란트 하우스 박물관, 더 뱅크 스타벅스 정도를 둘러볼 수 있다. 인근에 유명한 안네 프랑크의 집Anne Frank Huis과 그 옆에 위치한 서교회Westerkerk까지는 최소 15시간 정도 있어야 둘러볼 수 있다. 때문에 시간이 어중간하다면 공항을 오가는 시간과 터미널 안에서 이동하는 시간을 고려해 여행지를 더하거나 덜어내 동선을 짜야 한다. 다행히 더 뱅크 스타벅스는 관광지 중심에 있어 공항에서 시내로 나와 여행을 하기 전 또는 후에 배치하면 딱이다. 물론 초행길이라면 여행을 시작하기 전에 들르 는 것을 추천한다.

STARBUCKS The Bank Rembrandtplein
Utrechtsestraat 9, 1017 CV Amsterdam, Netherlands

태국
방콕 & 치앙마이

　태국은 왕실의 번영으로 비교적 빠르게 도심이 발달했다. 또한 온화한 날씨의 세 계절로 나뉘는 덕에 우기인 8~9월을 제외하고, 10월부터 이듬해 5월까지 비교적 오랜 기간 여행하기 좋은 날씨를 뽐낸다. 덕분에 전 세계 수많은 관광객이 찾는 곳으로 관광업이 경제에 큰 기여를 하고 있다. 수도인 방콕을 비롯해 치앙마이, 파타야, 푸켓, 치앙라이, 후아힌 등 소도시도 관광지로 개발되어 있으며, 내로라하는 호텔 및 리조트 그룹들도 태국 관광 사업의 비전을 보고 도심을 수놓는 고층 호텔, 각 소도시 특색에 맞는 리조트를 운영하고 있다. 여행업에 종사하며 태국은 여행지보다 출장지로 익숙한 곳이 되었다. 때문에 개별 관광지 방문은 거의 하지 못하고 호텔, 리조트에서 바라본 관광지로서의 모습이 전부이다. 하지만 그 와중에 스타벅스만큼은 꼭 방문했고 태국 한정판 카드를 찾아 방콕 도심의 스타벅스를 찾아 헤매기도 했다. 태국의 이른 문호 개방은 관광지 개발과 함께 다양한 글로벌 기업의 진출을 야기했고 스타벅스는 여섯 번째 아시아 지점으로 이곳을 선택했다.

커피 생산지로 급부상하는 태국

태국은 비교적 도시적인 이미지를 가지고 있어 같은 동남아시아이지만 일찍이 커피 생산지로 알려진 베트남, 인도네시아와 달리 커피를 소비하는 국가로만 생각되었다. 하지만 알고 보면 태국은 2014년 세계 최고의 커피 생산국 중 하나가 되었으며, 수출도 활발히 하는 나라이다. 1970년대 태국 왕실은 아편의 원료인 양귀비 재배를 막으며 대신 커피 프로젝트를 시작했는데 이것이 긍정적인 결실을 맺으며 몇 년 만에 커피 수출국으로 우뚝 선 것이다. 태국은 본래 열대 기후와 미네랄이 풍부한 토양으로 커피 재배에 효율적인 지리적 여건을 갖추고 있어 상대적으로 후발주자임에도 불구하고 최고의 성과를 낼 수 있었다. 현재 태국에는 가장 대중적인 커피 품종 두 가지를 재배하고 있다. 남부 지방은 인스턴트 커피에 주로 사용하는 로부스타Robusta, 북부 지방은 스페셜티Specialty Coffee 또는 스트레이트 커피Straight Coffee에 주로 사용하는 아라비카Arabica이다. 기후 차이에 따라 분류된 품종은 이외의 변수 등으로 북부보다 남부에서 150배 이상 많이 재배되고 있다.

또한 커피 재배는 빈민촌을 돕는 방법으로도 활용되고 있다. 2000년대 커피 사업이 확장되면서 빈민촌의 농부들에게 커피를 재배할 수 있는 교육 프로그램을 제공하고 기술 이전과 더불어 환경 조성도 해주고 있다. 덕분에 빈민촌 농부들은 커피를 원활히 재배하고 국가는 다시 재배된 커피의 직거래 및 공정 거래를 도우며 지역 경제의 활성화를 도모하고 있다. 스타벅스도 태국 커피 재배에 기여하며 아라비카 품종인 무안 자이 블렌드^{Muan Jai Blend, ม่วนใจ๋เนอเนอ}를 생산하고 전 세계 판로를 열어주고 있다.

북부 지방의 대표 도시인 치앙마이는 방콕에서 국내선을 타고 1시간 10분이면 닿을 거리에 있다. 라오스에 근접한 이곳은 대부분 열대기후인 태국 전반과는 다르게 우기가 길고 건기가 짧아 커피 재배에 최적의 기후이다. 또 커피 재배 외에도 도시 전체가 산과 호수, 사원, 레스토랑, 카페 등이 한데 어우러져 활력 있는 유적지이자 관광지 역할도 해낸다. 또한 저렴한 물가, 비교적 안전한 치안, 관광객에게 친절한 사람들, 그리고 열악한 환경에서도 빠른 인터넷 덕분에 디지털 노마드 족에게 '치앙마이 한 달 살기'로 각광받고 있다. 이 흐름을 따라 한국에서도 직항을 타고 5시간 30분 만에 갈 수 있게 되었다.

치앙마이에는 아라비카 커피 열매 재배지답게 현지 원두를 사용한 고품질 커피 전문점이 많으며, 차량으로 몇 시간 이동하면 커피 농장과 커피 박물관도 위치해 있다. 커피 농장은 관광객을 위한 농장 투어를 하고 있으며 미국 와이너리처럼 실제 커피 열매가 자라나는 모습을 볼 수도 있고 전통 에스프레소를 맛볼 수도 있다. 방콕이 태국의 수도라면 치앙마이는 태국의 커피 수도라 부르기도 한다. 그만큼 특별하고 특색 있는 커피 전문점이 많아 눈이 즐겁고 입이 즐거운 곳이다. 리조트 인스펙션 출장으로 치앙마이를 방문하며 가장 아쉬웠던 점은 리조트를 벗어나 커피 전문점과 커피 농장을 방문해 보지 못했다는 것이다. 그저 이동하는 차량 안에서 커피 전문점을 본 것이 전부이다. 대신 치앙마이 리조트 애프터눈 티와 방콕에서의 타이 아이스커피로 아쉬움을 달랬지만 조만간 휴가를 떠난다면 꼭 치앙마이에서 재배한 원두를 사용하는 커피 전문점에서 커피도 마시고 커피 농장 투어도 하고 싶다.

도심 속 생그러운 비밀의 화원

　태국은 왕을 정신적 지주로 삼는 입헌군주제 왕국으로 왕가의 위엄과 번영은 귀족과 함께 태국 전통문화에 화려한 꽃을 피웠다. 또한 미얀마와 라오스, 캄보디아, 말레이시아 등 인접 국가들과는 달리 중립적인 지역으로 결정되면서 유럽 식민지 시대의 영향에서 벗어나 받아들일 해외 문화를 직접

선택할 수 있었다. 덕분에 안으로는 열대 지역 산림이 우거져 있고 밖으로는 안다만해Andaman Sea와 태국만Gulf of Thailand이 맞닿아 있는 유려한 차오프라야 강Chao Phraya River, แม่น้ำเจ้าพระยา을 따라 자연과 전통문화, 그리고 태국식 동서양을 담아낸 독특한 분위기의 도심을 형성할 수 있었다. 날것의 자연과 현대적 감성을 한번에 누릴 수 있는 태국은 맥도날드의 마스코트 '로날드 맥도날드Ronald McDonald'가 태국식 인사 와이Wai, ไหว้를 하고 있는 것처럼 호텔과 리조트, 그리고 스타벅스마저도 이색적이다.

방콕은 자연은 즐기고 싶지만 문명을 벗어난 불편함을 감수하고 싶지 않은 여행객에게 제격인 곳으로 한국인에게도 인기가 좋아 한 번 출장 나오게 되면 수많은 호텔을 짧은 일정 동안 둘러보기 위해 하루 4~5곳 이상은 기본으로 방문한다. 그중 일이지만 인스펙션이 즐거웠던 곳은 호텔 9층 루프탑 수영장에서 빛나는 방콕의 스카이라인을 바라볼 수 있는 파크 하얏트 방콕Park Hyatt Bangkok, 태국 전역의 예술품과 골동품을 수집해 박물관을 방문한 것 같은 느낌을 자아내는 세계적인 디자이너 빌 벤슬리Bill Bensley의 작품 더 시암The Siam, 고전적인 태국 장식과 현대적인 편의 시설이 더해진 호화로운 객실에서 내려다보는 차오프라야 강Chao Phraya River, แม่น้ำเจ้าพระยา이 아름다운 샹그릴라 호텔Shangrila Hotel, 새벽 사원이라 불리는 왓 아룬Wat Arun, วัดอรุณ의 낮과 밤을 객실 안에서 유유히 바라볼 수 있는 살라 랏타나코신 방콕Sala rattanakosin Bangkok, 태국 문화와 프랑스의 우아함이 절묘한 조화를 이룬 객실에서 방콕 도심의 건물들을 볼 수 있는 소 소피텔 방콕SO Sofitel Bangkok을 꼽을 수 있다. 특히 호텔 안의 너른 정원과 차오프라야 강변을 따라 나 있는 수영장이 일품인 더 시암은 마치 태국 귀족 집에 초대받은 것 같은 착각을 불러일으킬 정도로 아름답다.

　출장 동안 낮에는 푸른 나무들 사이의 호텔 등을 돌아보며 아이스 아메리카노 한 잔을 위해 스타벅스를 방문하고, 밤에는 고층 호텔에 자리 잡은 루프탑 바에서 별처럼 도심을 수놓는 스카이라인을 바라보며 칵테일 한 잔으로 마무리하는 것이 하루 루틴이다. 일과 중 주로 방문하는 스타벅스는 방콕 칫롬 Chit Lom, ชิดลม 역 근처에 위치한 랑수안 스타벅스 Langsuan Starbucks, สตาร์บัคส์ หลังสวน 이다. 간혹 찾고자 하는 태국 한정판 스타벅스 카드가 없을 때 불가피하게 다른 지점 이곳저곳을 방문하기도 하지만, 보통 도심 중앙에 위치해 어느 호텔이나 리조트에서도 오며 가며 들르기 좋은 랑수안 스타벅스를 애용한다.

　랑수안 스타벅스는 외관부터 태국의 콜로니얼풍 건축물들과 닮아 있다. 때문에 멀리서 스쳐 지나가듯 보면 키가 큰 나무들 사이에 둘러싸여 다른 레스토랑이나 상점 중 하나라고 착각할 만하다. 태국의 보호색을 띤 모습이 마치 동화 〈비밀의 화원 The Secret Garden〉 속 숨겨진 생기롭고 아름다운 화원을 연상시킨다. 내부 또한 나무로 엮은 조명, 바닥 타일 등에서 태국 전통 공예와 콜로니얼풍의 디테일을 엿볼 수 있다. 그리고 매장 어느 자리에 앉아도 나무 기둥 사이사이 통창을 통해 사계절 푸른 조경이 눈에 들어와 태국 전통 공예로 만든 노르스름한 조명과 함께 편안한 분위기를 자아내서 좋다. 하지만 푸릇푸릇한 자연경관이 뿜어내는 청량함과 달리 태국은 환경 분야에서 낮은 점수를 받고 있는 아이러니한 곳이다. 이에 스타벅스는 태국 LEED^{Leadership} in Energy and Environmental Design의 녹색 건축 인증을 받기 위해 노력하고 있으며, 건물 인증 외에도 물 절약을 위한 방법을 고안해 내 전체적으로 물 사용량 감소에 성공하기도 했다. 그리고 한국에서도 시행하고 있는 커피 찌꺼기로 만든 테이블, 쟁반, 컵 받침, 퇴비 등을 사용하고 있다. 커피 찌꺼기를 재활용한 테이블은 상단에 적혀 있는 문구를 확인하지 않으면 눈치채기 어려울 정도로 잘 만들어져 있다. 덕분에 출장 중에 많은 스타벅스를 둘러보지는 못하지만, 태국 전통문화를 기본으로 자연환경을 벗 삼아 조성된 태국 스타벅스를 보는 재미가 쏠쏠하다.

Langsuan starbucks(สตาร์บัคส์ หลังสวน)
30 ซอยหลังสวน แขวง ลุมพินี เขตปทุมวัน กรุงเทพมหานคร **10330**

20주년을 맞이한 태국 스타벅스

1998년 스타벅스가 대중에게 커피를 소개하기 전, 태국은 여타 아시아 국가들과 같이 커피보다 차가 먼저 떠오르는 나라였다. 때문에 당시 커피를 마시고자 한다면 유일한 선택지는 호텔 라운지뿐이었다고 한다. 20년이 지난 지금, 태국의 커피 문화는 극적으로 변해있다. 커피의 소비량도 증가했지만 커피의 생산량도 함께 증가한 것이다. 또한 현지화된 태국 커피는 타이 아이스커피Thai Iced Coffee를 탄생시켰고 이는 태국에서 꼭 한번 마셔봐야 할 음료가 되었다. 덕분에 길거리 노점상, 수산시장 상인의 배, 타이 레스토랑과 독립 커피 전문점 등 어디서든 맛볼 수 있다. 타이 아이스커피는 여행길에 더위도 날리고 당 충전도 할 수 있는 음료로 뜨거운 물에 커피를 내리고 연유를 넣어 달달하고 부드러운 맛을 자랑한다. 그냥 마셔도 좋고 얼음을 넣어서 시원하게 마셔도 좋다.

태국 스타벅스는 방콕을 방문하는 관광객들을 대상으로 시작했지만 점차 태국인들에게 미국식 커피를 알리는 역할을 하면서 전파되었다. 330여 개 정도 되는 태국 스타벅스는 방콕에 이어 치앙마이, 파타야, 푸켓, 후아힌, 끄라비, 랑카위, 사무이 등 국내에도 잘 알려진 관광지에 이어 이름도 생소한 핫야이, 우돈타니, 나콘라차시마, 람빵 등 소도시에까지 포진해 있다. 새로운 경험을 갈망하는 젊은 태국인들 사이에서 힙하고 쿨한 것으로 간주되며 나름의 문화를 형성하고 있으며, 현지인과 관광객의 주요 소비처인 대형 쇼핑몰뿐만 아니라 현지인의 생활과 밀접한 병원 등에도 입점하면서 생활 깊숙이 침투하고 있다. 낮과 밤 가리지 않고 항공편이 오가는 서핑 휴양지 푸켓 국제공항Phuket International Airport, ท่าอากาศยานนานาชาติภูเก็ต의 매장은 24시간 운영하고 있으며 시내에서도 다른 카페들과 달리 새벽 2시까지 운영하는 등 각 입점 지역 특성에 맞추어 운영 시간을 조율하고 있다.

미국식 커피 문화와 함께 현지식 커피 문화까지 빠르게 발전한 태국에는 네스카페Nescafe, 맥도날드McDonald's, 던킨 도너츠Dunkin' Donuts, 세븐일레븐7-Eleven 등의 글로벌 브랜드 카페들도 진출을 하고 있으며, 카페 아마존Café Amazon, คาเฟ่อเมซอน, 와위Wawee, กาแฟวาวี, 도이창 커피Doi Chaang Coffee, กาแฟดอยช้าง, 트루 커피True Coffee, ทรู คอร์ปอเรชั่น 등 지역형 프랜차이즈 카페, 독립 커피 전문점도 날로 증가하고 있다. 스타벅스는 이러한 커피 격전지에서 독보적인 입지를 다지기 위해 최고 품질의 커피와 제철 음료, 디저트 등 특별한 무언가를 찾는 젊은 태국인들의 입맛을 맞추며 변화하고 있다. 20주년을 맞이해 오픈한 스타벅스 시암 스퀘어는 고급스러운 매장 분위기에 최신 하이브리드 에스프레소 머신을 이용해 맛의 품질을 높이고 베리 크럼블 팬케이크에 올린 아이스크림 등 스페셜한 메뉴를 선보인다. 또 시암 스퀘어만의 넓은 좌석 공간으로 편안함을 가미하고 여유롭게 커피를 즐길 수 있도록 했다. 이전까지는 미국식 커피 문화를 전파하는데 매진했다면 이제는 커피 문화를 경험할 수 있는 가치 있는 공간으로 꾸리고 있는 것이다.

인스타그램은 스타벅스 카드를 싣고

변모하는 스타벅스의 방향은 젊은 태국인들의 취향이 반영된 터일 것이다. 미국, 일본, 중국, 대만, 한국처럼 태국 또한 매달 새로운 제품들과 한정판 카드가 출시되고 있고 태국 스타벅스 인스타그램을 통해 가장 빠르게 소식을 접할 수 있다. 흥미롭게도 각 나라별 온라인 매체 파워를 알고자 한다면 스타벅스의 각 나라별 온라인 매체 공식 계정 여부를 확인해 보면 알 수 있다. 태국은 인스타그램이 비교적 활성화되어 있다. 그 말은 즉 인스타그램을 이용하는 태국인들이 많다는 뜻이다. 덕분에 인스타그램을 통해 스타벅스를 좋아하는 사람들을 만나게 되었고 그중 태국인인 시크린Sikrin과도 연을 맺게 되었다. 어릴 적 메신저 친구처럼 인스타그램을 통해 공통의 관심사를 가지고 친구가 된 것이다.

시크린과는 2014년 한참 스타벅스 카드를 모으던 때 #StarbucksCard #บัตรสตาร์บัค 해시태그를 통해 서로 스타벅스 카드를 수집하고 있으며 교환할 의지가 있음을 확인하게 되었다. 물론 우편으로 오가는 만큼 내가 보냈을 때 상대가 보내지 않으면 어쩌지 하는 두려움은 있었지만 모험 삼아 시작한 교환은 지금까지 이어지고 있다. 태국 한정판 카드와 한국 한정판 카

드를 교환하며 인스타그램 친구에서 페이스북 친구가 되고 카드가 담긴 우편물을 주고받으며 서로에게 영어로 된 편지를 쓰기도 했다. 또한 페이스북 친구가 되면서 스타벅스 카드 용도로 대화하던 인스타그램과 달리 시크린의 일상을 볼 수 있게 되었고, 그녀의 일상을 통해 태국의 다양한 스타벅스 매장과 여행지, 그리고 그녀의 삶도 볼 수 있게 되었다. 지금은 서로 스타벅스 카드를 나누는 일이 줄어들었지만 스타벅스 카드 덕분에 온라인으로 친구를 맺는 재미난 경험을 할 수 있었다. 이후 미국, 캐나다, 싱가포르, 대만에 사는 친구들도 사귀게 되었고 각국의 신상 스타벅스 카드가 나오면 연락을 하고 지낸다. 하지만 가장 밀접하게 관계를 맺은 건 태국의 시크린과 싱가포르의 바네사 정도이다. 책 원고를 쓰면서 혹시 이름을 그대로 써도 되냐고 물어봤는데 '좋은 방향이라면?'라는 유쾌한 답변을 해왔다. 책이 나오면 태국의 시크린, 싱가포르의 바네사, 대만의 포비에게는 오랜만에 우편으로 책을 보내줄 예정이다.

시티 카드

대학생 때부터 마케터를 꿈꾸며 블로그에 갖가지 마케팅 관련 글을 썼다. 특히 일상에서 만나는 제품 및 서비스 등 마케팅 사례를 찾아 쓰곤 했는데, 한 번은 일본 여행에서 돌아오는 길에 면세점에서 본 독특하게 생긴 킷캣 Kitkat을 소재로 선택했다. 처음 오사카 여행에 다녀오면서 간사이 국제공항에서 본 킷캣은 벚꽃과 말차가 그려진 패키지 디자인에 연두색 초콜릿이 들어있었는데, 그 다음 홋카이도 여행에 다녀오면서 본 킷캣은 노란 멜론이 그려진 패키지 디자인에 노란색 초콜릿이 들어있었다. 알고 보니 킷캣은 원재료, 맛은 물론 여기에 맞춘 패키지 디자인까지 모두 현지화하고 있었던 것이다. 덕분에 킷캣은 스위스 과자라는 사실과 상관없이 각 나라를 여행하며 기념품으로 구입하는 대표 과자가 되었다. 나도 도쿄 럼레이즌 맛, 시즈오카 와사비 맛, 신슈 사과 맛, 교토 우지말차 맛, 고베 푸딩 맛, 오키나와 자색고구마 맛 등을 찾아 득템했다. 킷캣처럼 각 국가별 도시별 특색을 담은 스타벅스 카드가 있다는 걸 처음 알게 된 것도 일본이었다.

스타벅스 시티 카드

일본 오사카 스타벅스에서 오사카의 명물인 오사카 성, 쓰텐가쿠, 헵 파이브 등이 일러스트로 새겨진 카드를 보고 매료되어 혹시 다른 지역에서도 이러한 카드가 출시되는지 찾아봤다. 그리고 홋카이도, 도쿄, 교토, 고베, 후쿠오카, 오키나와 등에서 출시된다는 사실을 알고 하나씩 모으기 시작했다. 스타벅스는 각 국가 및 도시를 상징하는 요소를 담은 스타벅스 시티 카드 Starbucks City Card를 출시하고 있다. 이름은 '시티'이지만 국가, 주 등 다양한 행정 구역과 랜드마크 등을 포함한다. 또한 카드를 기본으로 머그, 텀블러 등 다양한 제품이 나오기도 한다. 머그와 텀블러는 시리즈에 따라 디자인이 한 번씩 변경되는 반면, 카드는 디자인이 고정되어 있는 경우와 정기적, 비정기적으로 변경되는 경우가 있다. 미국은 주나 도시에 따라 다르지만 주로 정기적으로 변경되고 있다. 하지만 아쉽게도 시티 카드는 스타벅스가 진출한 30여 개국 중 몇 개국에서만 출시되고 있다. 때문에 이벤트 성으로 한 번씩 출시되는 시티 카드는 나오자마자 단 번에 품절되어 구하기 쉽지 않다.

시티 카드는 한국의 몇 개 지역과 미국, 캐나다, 중국, 홍콩, 대만, 일본, 태국, 필리핀, 인도네시아, 싱가포르, 영국, 터키, 러시아, 브라질 등에서 판매되고 있다. 지금까지 미국 시애틀 1호점 카드를 비롯 시카고, LA, 샌프란시스코, 뉴욕, 워싱턴 디씨 등 미국 13개 도시와 랜드마크, 캐나다와 퀘벡, 홍콩, 대만, 일본 도쿄, 오사카, 교토 등 7개 도시, 태국, 필리핀, 싱가포르, 영국, 브라질, 한국 서울, 연세대학교, 인천, 경주, 부산, 제주 등 총 68개의 시티 카드를 수집했다. 그리고 시티 카드가 없는 국가 및 도시는 시티 머그를 대신 구입하기도 한다.

대부분 각 국가에서만 사용할 수 있어요

스타벅스 카드를 수집하며 블로그, 인스타그램 등에 글을 쓰다 보니 게시 글마다 한 명씩은 물어보는 질문이 있다. '한국에서도 사용할 수 있나요?' '그냥 가져와도 되나요?' 두 질문에 대한 답은 모두 '아니오'이다. 스타벅스 시티 카드는 선불식 충전 카드이지만 스타벅스 자체가 국가별 운영 주체가 다른 경우가 있어 구입 및 사용 방법 또한 모두 다르고 교차 사용이 불가하다. 그리고 카드는 한국처럼 계산대 옆 가판대에 비치되어 있는 미국과 캐나다, 영국의 경우에는 점원에게 물어보면 대부분 그냥 가져가라고 한다. 그리고 이 세 나라에서는 교차 사용이 가능하다. 대신 사용 국가의 통화로 결제되고, 카드 출처 국가 외에는 리워드 제도인 '별'이 적립되지 않는다. 홍콩과 일본에서는 지정된 최소 금액을 충전해야지만 카드를 받을 수 있다. 카드에 따라 가격은 다르지만 홍콩은 50달러에서 200달러, 일본에서는 1천 엔부터 시작한다. 그리고 중국과 대만은 카드 자체를 구입해야 하는데 중국은 88위안, 대만은 보통 100달러부터 시작한다.

여행을 하거나 출장을 갈 때면 가장 먼저 구글 맵을 켜고 가고자 하는 목적지 주변의 스타벅스 위치를 알아본다. 운이 좋아 시티 카드가 나오는 시기에 방문하게 된다면 득템하는 경우도 있지만 대부분 출시 당일이 아니면 실패하기 십상이다. 처음에는 수집하고자 하는 욕심에 시티 카드가 나오는 시기에 해당하는 국가나 도시를 방문하는 지인들에게 부탁하기도 하고, 인스타그램을 통해 현지에서 스타벅스 카드를 수집하는 사람들을 찾아 DM을 보내 카드 교환을 시도하기도 했다. 그러나 언제부터 시티 카드가 출시되는 국가도 다양해지고 구입 제약도 다양해지면서 직접 가는 것이 아니라면 수집에 크게 의의를 두지 않게 되었다.

인도네시아
발리

　인도네시아 발리는 섬 전체를 둘러싼 너른 바다와 중앙을 가득 메운 산과 들이 눈을 돌리는 곳마다 수려한 자연 경관을 자랑하는 곳이다. 그뿐만 아니라 수많은 힌두교의 신들을 모시는 사원 및 시설 등 매혹적인 발리 전통문화를 간직하고 있으며, 지역과 지역 사이 거리는 멀지 않지만 지역에 따라 제 각각 다른 매력을 뽐내며 전 세계인들을 유혹한다. 덕분에 일상에 지쳐 탈출을 꿈꿀 때면 발리를 떠올리는 것만으로도 얼굴에 미소가 번지는 것을 느낄수 있다. 비행시간도 짧지 않고 직항도 많지 않아 불편하지만 발리로 향하는 출장은 언제나 설렘 가득해 기회를 엿보게 된다.

고단한 출장도 힐링으로

발리는 인도네시아의 17,000개 섬 중 하나로 1920년대 초 네덜란드 식민지 하에 국제적인 관광명소로 개발되면서 '지상 최후의 낙원The Last Paradise In the world', '신들의 도시The Island of the Gods' 등으로 이름을 알렸다. 어디에서도 볼 수 없는 열대 우림의 웅장한 자연 경관과 힌두교의 수많은 신들을 모신 사원들이 만들어 내는 이색적인 풍경은 예나 지금이나 다를 바가 없다. 세계 2차 대전 이후 잠시 주춤했던 관광 산업이 발리만의 지상 낙원을 즐기고자 하는 사람들의 성원에 다시 문을 열었고 여세를 몰아 발리의 특성을 살린 현대식 시설들도 하나 둘 들어섰다. 1년 평균 기온 20~30도를 웃도는 따뜻한 날씨로 내내 수영이 가능해 산속의 풀빌라, 바다 앞의 풀빌라, 논밭의 풀빌라, 절벽 위의 풀빌라 등 발리의 지형에 맞는 다양한 풀빌라 단지도 형성되었다. 주요 지역은 우붓Ubud, 덴파사르Denpasar, 스미냑Seminyak, 울루와뚜Uluwatu 등으로 이곳의 관광 시설들은 초기부터 꾸준히 유지 보수가 되고 있어 건재하다. 그렇게 출장지도 주요 지역 위주로 배정되었다.

발리는 고급 풀빌라 리조트 단지를 둔 휴양지로도 유명하지만, 그보다 먼저 유럽, 미국, 호주 서퍼들의 서핑 포인트로 유명했고, 한국에는 유명 연예인들의 초호화 신혼여행지로 알려지면서 이를 뒤따르는 사람들이 많아졌다. 베스트셀러를 원작으로 한 할리우드 영화 〈먹고, 기도하고, 사랑하라Eat, Pray, Love, 2010〉가 개봉한 후로는 주인공 줄리아 로버츠Julia Roberts가 쉼을 얻는 곳으로 소개되면서 정신 수양과 요가를 하기 위해 방문하는 사람들도 늘어났는데, 영화 속에서 숲길과 논밭을 자전거 타고 달리는 모습이나 자연 속에서 명상을 하는 모습은 많은 여행객들이 따라 하는 요소가 되었으며 리조트에는 자전거 대여와 명상 수업이 추가되기도 했다. 그리고 여기에 더해 발리의 자연 경관을 200% 활용한 포토존이 인스타그램을 타고 알려지면서 젊은 배낭여행객들의 흥미도 끌고 있다.

다양한 목적으로 다양한 사람들이 방문하는 발리는 비교적 비가 적은 4월부터 10월까지 건기를 끼고 성수기를 맞이한다. 이를 준비하기 위해 여행사는 2월 정도에 리조트의 상태를 점검하는 인스펙션Inspection을 운영한다. 인스펙션은 하룻밤 리조트에 머물며 체크인부터 체크아웃까지 리조트의 다양한 시설과 서비스를 조목조목 점검하는 것이다. 하지만 출장 일수가 짧고 확인해야 하는 리조트가 많은 경우에는 하루 세 곳에서 일곱 곳 정도를 둘러보기도 하고, 다른 여행사와 함께 무리를 이루어 견학하듯 한번에 체크 포인트만 확인하는 팸투어에 참석하기도 한다. 리조트에 따라 다르지만 빠르게 이동하기에는 리조트와 리조트 사이가 애매하게 먼 거리인 경우도 있고, 리조트 단지 자체만으로도 크기가 광활해 하루 세 곳만 둘러보더라도 녹초가 되는 경우도 있다.

또한 오랜 시간 사랑받은 곳인 만큼 연식이 꽤 된 리조트들도 있다. 하지만 아름다운 자연환경과 전통을 보존하기 위해 새로운 리조트를 세우는 것도, 리모델링 하거나 증축하는 것도 쉽지 않아 낙후되지 않도록 쓸고 닦고 관리하는 것이 무엇보다 중요하다. 때문에 인스펙션을 하며 침대와 침구, 가구의 관리 및 객실 내 후미진 곳의 상태, 욕실의 청결과 배수구의 상태 등을 살피고, 리조트의 전반적인 관리 시스템과 직원들의 서비스, 피트니스 기구, 수영장의 청결과 관리 상태, 레스토랑의 서비스와 맛 등을 꼼꼼히 살핀다. 또한 물과 나무가 가까운 특성상 방역과 전용 해변, 정원 등 리조트 전체 환경 관리를 확인하기도 한다. 리조트 개수도 많고 확인해야 하는 범위도 광범위하다 보니 인스펙션을 마치고 숙박을 하고 있는 리조트에 돌아오면 침대에 꼼짝 않고 누워 하루하루를 보내다 마지막 날이 되어서야 아까워서라도 빌라 내 있는 수영장을 이용해 보기도 한다. 그럼에도 불구하고 마음의 안정감을 주는 자연 속 발리에 대한 아쉬움이 쉽사리 사라지지 않아 귀국길에 자꾸 뒤를 돌아보게 된다.

연꽃이 만발한 우붓 사원의 스타벅스

인도네시아 발리에서도 바쁜 와중에 시원한 아이스 아메리카노는 스타벅스에서 마셔야겠다며 그랩^{Grab}을 타고 스타벅스로 향했다. 발리에는 2019년 1월 동남아시아에서 가장 큰 스타벅스가 세워졌다. 약 562평 규모의 스타벅스 리저브 데와타^{Starbucks Reserve Dewata}는 커피가 만들어지는 과정을 담은 스타벅스 리저브 로스터리^{Starbucks Reserve Roastery}의 콘셉트는 물론 커피 콩이 나무에서 자라나는 과정까지 담아내 더욱더 특별한 스타벅스로 꾸며냈다. 커피나무를 보여주는 아이디어가 자연스러운 것은 인도네시아가 브라질^{Brazil}, 베트남^{Vietnam}, 콜롬비아^{Colombia} 다음으로 꼽히는 커피 생산국이기 때문이다. 커피 생산에 이상적인 온도와 습도를 가진 적도 근처의 커피 벨트 내 위치했을 뿐만 아니라 수많은 산악 지형도 커피 농사에 적합해 네덜란드의 식민지 시절 인도네시아에 커피 농장이 세워졌으며, 이는 독립 이후에도 나라를 이끄는 산업이 되었다. 이러한 맥락에서 매장에 커피 콩 나무들이 있는 것도 놀랍지 않다. 하지만 스타벅스 리저브 데와타가 생기기 전 발리에서 독보적으로 아름다운 스타벅스는 연꽃이 만발한 우붓 사원의 스타벅스였다. 발리의 우붓은 예술가들이 머무는 곳으로 유명해 우붓 왕궁, 미술관, 사원, 레스토랑과 카페 등이 몰려 있는 상점 거리 곳곳에서 작품을 전시하고 판매하는 상인들을 만날 수 있다. 때문에 이를 구경하려는 인파와 좁디 좁은 길로 이동하려는 오토바이와 자동차가 한데 섞여 항상 길이 막힌다. 이렇게 혼잡한 가운데 연꽃 사원과 스타벅스가 위치해 있다. 시내에 들어서자마자 길이 꽉 막혀 있지만 스타벅스에 가서 아이스 아메리카노 한 잔을 마시겠다는 일념 하에 그랩을 타고 한산한 리조트 주변을 지나 러시아워를 참아낸다.

스타벅스가 위치한 연꽃 사원은 우붓에서 가장 유명한 힌두 사원으로 정식 명칭은 '푸라 타만 사라스와띠 사원Pura Taman Saraswati Temple, 이하 사라스와띠 사원'이다. 연못에 연꽃이 만발해 연꽃 사원 또는 물의 궁전이라고도 불린다. 사라스와띠 사원은 우붓의 왕자 코코다 제다 아웅 수카와티Tjokorda Gde Raka Sukawati가 위촉한 구스띠 뇨만 렘파드I Gusti Nyoman Lempad, 1862~1978에 의해 1952년 설계되었다. 구스띠 뇨만 렘파드는 발리의 유명한 건축가이자 조각가로 수카와티 왕가의 궁전은 물론 발리의 사원 건축 및 조각 작업도 진행했다. 덕분에 발리 곳곳에서 그의 작품을 볼 수 있다. 사라스와띠 사원은 지식과 지혜, 학습, 음악, 예술의 힌두 신인 사라스와띠^{Saraswati, सरस्वती}에 봉헌된 사원이라 악기를 든 조각상이 세워져 있다. 그러니 이곳에서는 학업과 예술에 대해 기도를 올릴 수 있다. 플루메리아 나무^{Plumeria Tree}로 둘러 싸인 작은 연꽃 연못 주변으로 사원의 정중앙까지 나 있는 길은 우붓에서 최고의 포토존으로 꼽힌다. 사원 내부에는 들어갈 수 없지만 사원의 정원을 배경으로 서는 것만으로도 감탄을 자아내는 풍경이 펼쳐진다. 관광객들을 위해 무료로 개방되어 있는 정원의 주목적은 사실 사라스와띠 신에게 바치는 공양과 공연이 열리는 공간이다. 그리고 이를 한눈에 보기 좋은 곳이 바로 스타벅스이다. 오전 8시부터 오후 9시까지 영업하는 스타벅스는 2층 건물의 1층만 매장으로 사용하고 독특하게 2층은 텅빈 채로 열어두었다. 언제까지 열어둘지는 미지수이지만 너무 늦지 않은 시간, 사라스와띠 사원에서 공연이 열리면 이곳에서도 볼 수 있다.

상징인 사이렌과 스타벅스 커피 STARBUCKS COFFEE 로고 간판마저도 나무로 된 연꽃 사원 옆 사라스와띠 스타벅스 건물은 우붓의 예술가들의 거리에 위치한 만큼 거리에서나 사원에서 보이는 외관 모두 발리의 전통 옷을 입고 있다. 그뿐만 아니라 스타벅스 로고가 새겨진 발리 전통 징(전통 춤을 출 때 사용한다)도 문 앞에 배치되어 센스 있게 손님들을 맞이한다. 반면 매장 내부 인테리어는 별다른 꾸밈이 없고 메뉴도 미국식 공통 메뉴라 다소 실망스럽다. 하지만 연꽃 사원을 사이에 두고 스타벅스와 나란히 위치한 로컬 연꽃 카페 Lotus Cafe를 방문하고 나면 다음부터는 다시 적당한 가격에 익숙한 메뉴, 무료 와이파이가 가능한 스타벅스를 택하게 된다. 특히 덥고 습한 발리에서 시원한 아이스 아메리카노 한 잔이 당길 때는 무조건 스타벅스가 제격이다.

Starbucks
Jalan Raya Ubud, Ubud, Kecamatan Ubud, Kabupaten Gianyar, Bali 80571, Indonesia

대만
타이베이

　가까운 대만이지만 의외로 대만을 목적지로 한 여행은 몇 번 밖에 해보지
못했다. 대부분 짧은 출장이나 저렴한 싱가포르행 항공권, 또는 유럽행 항
공권을 위해 타이베이에서 레이오버Layover로 방문했다. 가장 짧게 타이완 타
오위안 국제공항臺灣桃園國際機場에서 시내로 다녀온 건 8시간 정도이고, 길어
도 2박 3일 일정이 전부여서 주로 기분 내기용으로 랜드마크라 할 만한 곳
을 빠르게 오갔다.

　대만은 입국심사도 간편하고 공항에서 MRT를 타고 시내까지 약 40분 밖
에 걸리지 않아 레이오버 8시간이면 시내에 위치한 관광지 두 곳은 충분히
돌아볼 수 있다. 그리고 으레 관광지 사이의 거점은 스타벅스가 되어준다.
빠르게 관광지를 오가다 보면 끼니를 제때 못 챙기기도 하는데 이럴 때 가볍
게 먹을 수 있기도 하고, 긴 비행에 녹초가 되어 아무것도 하기 싫을 때 안정
적으로 쉴 수 있는 익숙한 공간이 되어 준다. 그렇다 보니 개인적인 여행지
로는 찾지 않지만 그 외 일정으로 방문하는 횟수가 많아 아이러니하게도 스
타벅스 카드를 충전해서 사용하고 있는 나라 중 하나이다.

타이베이의 오아시스가 되어준 스타벅스

이례적으로 스타벅스를 한자 통일성파수행잡^{統一星巴克随行卡}으로 표기하고 있는 대만 스타벅스 카드는 직접 대만에서 카드를 모으기 전부터 인스타그램을 통해 알게 된 친구 첸^{陳朵暄} 덕분에 알음알음 모을 수 있었다. 2014년부터 교환하기 시작한 스타벅스 카드는 대만 스타벅스 300호점을 축하하는 카드부터 대만의 국화인 매화를 새긴 카드, 원주민의 모습을 일러스트로 그린 카드 등 특별한 디자인이 많다. 그뿐만 아니라 첸은 직접 손글씨로 적은 엽서, 대만 스타벅스에서 한정 출시된 가죽 카드 홀더, 한때 열심히 모았던 마스킹 테이프 등을 함께 선물로 보내주었다. 하지만 얼마 전부터 충전 금액 외 카드 구입 비용이 별도로 책정되면서 교환하는 일은 뜸해졌다. 대신 직접 방문했을 때 새로운 카드가 나오면 구입 후 충전을 하고 있다. 대부분 카드 출시 시기와 방문하는 시기가 맞지 않아 득템할 수 있는 카드가 많지는 않지만 카드 찾는 일을 소홀히 하지 않는다. 카드 구입 가격은 대만 달러로 100달러에서 150달러 정도 하며, 한화로 4천 원에서 6천 원 정도 하는 가격이다. 때문에 대만 스타벅스 카드는 카운터 앞에 진열하지 않고 직원에게 요청하면 현재 매장에서 보유하고 있는 목록을 보여준다. 그중 가장 가지고 싶은 카드는 타이베이 101 타워^{Taipei 101 Tower} 35층에 위치한 스타벅스에서만 구입할 수 있는 한정판 카드이다.

타이베이에서 가장 높은 랜드마크이기도 한 101 타워 주변으로는 총 다섯 개의 스타벅스가 있다. 그중 하나는 건물 35층에 위치해 있으며, 탁 트인 전망으로 전망대로도 손색이 없는 곳이다. 대신 한정된 인원만 받기 위해 예약제로 운영하고 있다. 여행 일주일 정도 전에 전화를 통해 원하는 날짜와 시간, 인원수를 말하면 예약번호 8자리 안내와 함께 예약이 완료된다. 단 예약자가 많아 방문 가능한 일정 서너 개 정도를 미리 생각해 두어야 빠르게 예약할 수 있다. 예약 당일에는 20분 정도 전부터 101 타워 1층 로비 쪽 스타벅스 안내판 앞에 줄을 서야 한다. 사전에 예약한 사람이라 하더라도 번호 순서대로 직원의 안내를 받아 위층으로 올라갈 수 있기 때문이다. 매장에 들어가기까지의 여정도 힘들지만 90분이라는 이용 시간과 1인당 최소 주문 금액도 정해져 있어 내부 이용도 만만치 않다. 90분 동안 음료와 디저트도 주문하고 제품 구경에 전망까지 보고 있노라면 금세 시간은 끝나고 만다. 최소 주문 금액은 음료, 디저트 외에도 스타벅스 카드나 제품 구입 비용도 포함되어 있어 채우는 건 문제가 되지 않는다. 번거로운 운영 시스템이지만 타이베이 시내를 한눈에 담을 수 있는 곳으로 전망대보다 저렴한 비용에 이용할 수 있어 무엇보다도 강추하는 곳이다. 처음 이곳을 방문했을 때에는 스타벅스 101 35층 매장 한정판 카드가 품절되어 득템하지 못했는데 지속적으로 리뉴얼된 한정판 카드를 내놓고 있어 다음에는 카드를 위해 꼭 한 번 더 방문할 예정이다.

星巴克 101 35F門市
110台北市信義區信義路五段7號101辦公大樓 35樓
+886-2-8101-0701

   대만은 커피와 차가 융합되어 있는 곳으로 역사의 흐름에 따라 우롱차, 밀크티, 버블티가 유명하며, 커피 재배에 적합한 고도와 기후로 대만을 점령했던 일본에 의해 커피를 재배하고 있기도 하다. 다만 커피 재배를 시작한 시기와 최초의 카페 오픈은 이른 편이었지만, 1949년 국민당의 시대가 열리면서 다시 차에 충실한 시절을 보냈다. 커피가 재배되었던 자리는 빈랑나무와 과일나무로 대체되었고, 당시 세계 최고의 대만 우롱차 브랜드가 개발되기도 했다. 하지만 21세기에 들어와 대만에서도 커피 혁명이 일어나면서 다시 첫 커피 재배지였던 윈린현雲林縣의 구컹향古坑鄕을 시작으로 타이난臺南의 동산구東山區, 자이현嘉義縣의 아리산阿里山鄕 등에서 커피 재배가 이루어지고 있다. 돌고 돌아온 대만의 커피 역사이지만 곧 프리미엄 커피로 대만에서 나고 자란 커피의 맛을 볼 생각을 하면 스타벅스 외에도 새로운 커피 여행지로 기대가 되는 곳이다.

특별한 날

예전에는 선물을 받고 좋아할 상대의 모습을 떠올리며 선물을 골랐다면, 요즘은 상대에게 쓸모 있는 선물을 고르려고 더 고심한다. 그런 의미에서 스타벅스 기프트 카드는 유용하다. 전국에 매장이 있어 접근성도 좋고, 여러 종류의 음료와 디저트 등을 판매하고 있어 기호성을 맞추기에도 좋다. 실용적이고 부담이 없는 선물인 것이다. 그런데 미국 스타벅스에서 처음 본 발렌타인데이, 부활절, 할로윈데이 기프트 카드는 조금 의아했다. 순수하게 마음을 전하는 발렌타인데이에 금액이 훤히 보이는 기프트 카드를 선물하는 것도, 대중적인 브랜드에서 종교적인 행사의 성격이 있는 부활절과 할로윈데이에 기프트 카드를 선보이는 것이 익숙하지 않았기 때문이다.

발렌타인데이

발렌타인데이는 성 발렌타인^{St. Valentine}의 축일로 매년 2월 14일을 기념한다. 초기에는 가톨릭의 행사였지만 미국, 유럽 등에서 로맨틱한 사랑을 고백하며 선물을 교환하는 날로 변형되었다. 한국에서는 일본의 영향을 받아 여성이 남성에게 초콜릿을 주며 사랑을 고백하는 날이 되었다. 1990년대에는 다이어리를 꾸미며 매월 14일마다 특별한 날을 적는 것이 유행이었는데 이를 따라 2월 14일이 여성이 남성에게 초콜릿을 주는 발렌타인데이, 3월 14일은 남성이 여성에게 사랑을 주는 화이트데이, 4월 14일은 누구에게도 초콜릿이나 사탕을 받지 못하면 짜장면을 먹는 블랙데이로 대중화되었다. 미국에서는 발렌타인데이에 연인을 비롯 가족에게도 사랑을 전하는데 이것 때문에 경제적 효과가 있다고 한다. 미국의 발렌타인데이 기프트 카드는 2000년대 초반부터 출시되어 인기가 높다. 때로는 편지를 쓸 수 있는 종이 카드가 동봉되기도 하고, 하트 모양에 메시지를 담아 디자인한 카드가 나오기도 한다. 우연히 2005년 출시된 핑크빛 하트로 가득한 카드 디자인을 보고 갖고 싶어 백방으로 찾아다녔지만 찾을 수가 없었다. 그런데 얼마 전 선배 언니가 집에서 오래된 스타벅스 카드를 발견했다며 선물해 줘 받았는데 바로 그 카드였다. 한국에서는 2011년부터 다양한 발렌타인데이 제품들을 볼 수 있다. 실제로 발렌타인데이 선물로 받아 보고 나니 사랑도 실용적일 수 있구나를 느꼈다.

부활절

부활절은 예수가 십자가에 못 박혀 죽은 후 사흘 만에 부활한 것을 기념해 빈 무덤을 상징하는 달걀을 나누는 날이다. 미국에서는 매해 부활절마다 대통령이 백악관으로 아이들을 초대해 잔디밭에서 부활절 달걀을 찾는 행사를 한다. 사실 부활절은 엄연히 종교적인 행사지만, 미국과 유럽은 크리스마스 때만큼은 아니지만 부

활절에도 이를 기념한다. 옛날에는 직접 달걀을 삶아 그림을 그려 꾸몄다면 최근에는 달걀 모양의 초콜릿을 구입해 활용하기도 한다. 부활절 기프트 카드는 당연히 미국을 비롯해 기독교 인구가 많은 나라에서 출시되었는데 2019년부터는 한국에서도 출시되고 있다. 부활절 기프트 카드에는 주로 색색깔의 달걀이 그려져 있거나 실제 달걀 모양이다.

할로윈데이

할로윈데이는 매년 10월 31일 세상을 떠난 성인들과 신자들을 기억하며 전례를 거행한 것에서부터 시작되었다. 미국과 유럽은 집으로 찾아오는 영혼들을 표현하기 위해 흰 천으로 몸을 감싸는 분장을 하고 집집마다 다니며 자비를 베풀 수 있도록 했고, 각 집에는 찾아오는 영혼을 달래기 위해 사탕을 준비해 나누며 전통적인 행사로 치렀다. 지금은 다양한 할로윈 의상과 함께 호박 랜턴, 해골 무늬의 장식들을 갖추고 온 동네 사람들이 함께 어우러져 축제를 보낸다. 이제는 더 이상 종교인들의 행사가 아닌 하나의 문화로 자리 잡은 것이다. 이를 반영해 스타벅스에서 하나의 디자인 요소로 할로윈데이를 활용하고 있다. 한국에서도 언제부터인가 이태원 등에서 할로윈데

이를 즐기는 인파가 늘어나 마냥 긍정적이지 않은 이슈를 낳기도 했지만, 2019년부터 할로윈데이 스타벅스 기프트 카드와 머그, 음료와 디저트 메뉴 등을 볼 수 있다.

싱가포르

　친구와 단둘이 떠나온 싱가포르. 직항 6시간 30분의 짧지 않은 비행과 비싼 물가를 고려했을 때 여행 삼아 자주 방문하기에는 무리가 있어 한번 방문했을 때 모두 눈에 담겠다는 의지를 불태웠다. 하지만 연중 평균 23도에서 31도를 웃도는 무더운 날씨는 의욕마저 활활 불태워 재가 되게 만들었다. 때문에 실외보다는 실내를 중심으로, 걷는 것보다는 탈것을 중심으로 이동하게 되었다. 다양한 인종의 삶의 터전이자 영국 식민지 시절 모습이 남아있는 싱가포르는 흥미로운 여행지일 뿐만 아니라 스타벅스마저도 이색적인 곳으로 더위에 지쳤지만 그럼에도 환상적인 시간을 선사했다. 또한 스타벅스 카드 교환으로 21세기 펜팔을 하며 알게 된 친구도 만날 수 있었다.

싱가포르에 융합된 100번째 스타벅스

새벽에 도착하자마자 마리나 베이 샌즈Marina Bay Sands 호텔 체크인부터 시작했다. 싱가포르의 랜드마크로 배 모양의 루프탑 수영장뿐만 아니라 대형 쇼핑몰로 이어져 있어 놀 거리는 물론 볼거리, 먹을거리 등 모든 것이 한번에 해결되는 곳이다. 이른 체크인이었지만 호텔의 배려로 청소가 완료된 방을 안내받을 수 있었다. 객실은 가든스 바이 더 베이 Gardens by the Bay가 훤히 보이는 곳으로 가장 먼저 방문할 목적지도 길 건너 위치한 가든스 바이 더 베이를 선택했지만 발코니 문만 열어도 후끈한 열기가 들어오는 날씨 탓에 조금만 쉬고 나가자며 누워서는 잠이 들어버렸다. 관광지가 많은 여행지인 만큼 일어나자마자 지체할 시간이 없어 가든스 바이 더 베이부터 멀라이언 Merlion이 있는 마리나 베이 Marina Bay를 따라 싱가포르 강 Singapore River에 이르기까지 걷고 또 걸었다. 그리고 관광지마다 나타난 스타벅스를 방문했다.

그렇게 발견한 곳이 싱가포르 100번째 스타벅스 워터보트 하우스 Waterboat House 지점이다. 싱가포르 스타벅스는 독특하게도 타원형의 공유 테이블에 몇 호점인지 표기하는 경우가 있어 이곳에서도 100호점이라는 사실을 테이블을 보고 알게 되었다. 워터보트 하우스 지점은 본래 싱가포르로 들어오는 선박에 담수를 공급하던 급수 시설로 멀라이언 공원^{Merlion Park}에 1919년 세워졌다. 하지만 담수 공급 시설이 다른 곳으로 이전하며 잠시 버려졌는데 역사적 가치가 조명되어 도시 재개발 당국^{The Urban Redevelopment Authority}에 의해 유지 보수되고 2005년에는 전통 건축상을 타기도 한다. 그리고 2014년에는 스타벅스로 새롭게 탄생했다. 싱가포르 식민지 시절을 엿볼 수 있는 아르데코 ^{Art Deco} 양식을 그대로 살린 매장은 초기 담수 공급 시설에서 담수를 공급받던 선박의 느낌을 살려 항해하는 배처럼 배에서 사용하는 두터운 로프를 이용해 인테리어 했다. 전면 유리로 되어 있는 창밖으로는 마리나 베이를 배경으로 마리나 베이 샌즈와 잠자리 눈을 한 에스플라네이드 극장^{Esplanade Theatres On The Bay} 등이 한눈에 보인다. 때문에 아름다운 풍경을 바라보며 커피를 마실 수 있도록 유리창을 따라 좌석들이 배치되어 있거나 창밖을 바라보는 스툴 좌석들이 마련되어 있다.

내외부적으로 싱가포르의 역사와 문화에 집중되어 있는 만큼 벽면의 작품들 또한 여느 스타벅스와 같이 커피가 만들어지는 과정이나 환경을 그린 작품이 아닌 싱가포르 내 매장의 위치를 알려주는 지도와 삼수이 여자들三水妇女의 생활상을 보여주는 그림이 설치되어 있다. 삼수이는 1920년대에서 1940년대 사이 일자리를 찾아 중국에서 온 여성 이민자들로 빨간 모자를 쓴 것이 특징적이다. 처음에는 단순히 일자리를 찾아 싱가포르와 말레이시아로 스며든 사람들이지만 결론적으로는 싱가포르 발전에 기여한 것으로 평가된다.

그리고 지역 사회와 협력해 사회 환원도 활발히 하고 있다. 2005년부터 싱가포르 최초의 자폐 중심 특수학교인 패스라이트 학교Pathlight School 학생들을 위해 카페 교육을 실시하고 있으며 스타벅스의 직원으로 고용하고 있다. 싱가포르의 아름다운 랜드마크를 훤히 바라보고 있는 매장 위치뿐만 아니라 역사적인 의미를 담은 건물의 재건과 매장의 인테리어, 그리고 다양성을 인정하고 추구하는 싱가포르의 정신을 담은 운영 등 스타벅스의 가치를 경험할 수 있는 가장 표본적인 매장이라 할 수 있다.

Starbucks
3 Fullerton Road, #02-01/02, 03 Fullerton Waterboat House, Singapore

현대판 스타벅스 카드 펜팔

싱가포르에서 흔히 찾는 오차드 로드Orchard Road, 클락 키Clarke Quay, 차이나타운Chinatown, 리틀 인디아Little India, 보타닉 가든Botanic Gardens, 센토사 섬Sentosa Island 등 구석구석 여행도 하고 함께 한 친구의 싱가포르 친구와 만나 식사도 하는 알찬 일정 가운데 스타벅스 카드 덕분에 펜팔을 시작한 싱가포르 친구도 만나게 되었다. 한때 인스타그램 상에서 스타벅스 카드를 수집하는 사람들을 뜻하는 #starbuckscardcollector 해시태그가 유행했다. 해시태그를 타고 찾아온 세계 각지의 사람들은 각 나라의 스타벅스 카드를 교환했다. 초등학생 때에도 펜팔 웹사이트를 통해 미국과 중국에 살고 있는 또래와 서로의 이야기를 이메일로 주고받은 경험은 있지만 편지를 주고받은 적은 없었다. 그런데 되려 21세기에 들어와 스타벅스 카드 덕분에 고전적인 편지를 주고받게 되었다. 편지에는 주로 한정판 스타벅스 카드와 함께 한국을 알릴 수 있는 엽서, 마스킹 테이프 등을 구성해 간단한 인사말과 함께 우표를 붙여 보냈다. 때론 크리스마스 씰도 사서 붙였다. 그렇게 몇 번의 편지를 주고받은 싱가포르인 바네사를 드디어 실물로 만나게 된 것이다.

　처음 계획한 싱가포르 여행은 단순히 관광지를 돌아보는 여행이었는데 함께 한 친구의 싱가포르 친구를 만나며 바네사가 생각났다. 혹시나 하는 마음에 바네사에게 만날 수 있는지 의사를 물었고, 그녀는 급작스러운 만남에도 불구하고 흔쾌히 시간을 내주었다. 그녀가 알려준 스타벅스 지점에서 첫 만남을 가졌지만 이미 몇 번이고 만났던 친구처럼 스타벅스에 대한 이야기를 나누며 시간이 가는 줄 몰랐다. 대체로 최근에 새로 나온 스타벅스 제품 이야기, 한국과 싱가포르 스타벅스의 공통점과 차이점, 서로 스타벅스 카드를 교환하며 알게 된 다양한 나라에 대한 정보 등이었다. 헤어질 즈음 우리는 인증 사진을 찍었고, 바네사는 나에게 싱가포르의 유명 맥주를 선물해 주었다. 지금도 페이스북과 인스타그램을 통해 연락을 하는, 스타벅스를 통해 얻은 특별한 인연이다.

싱가포르 코피

나 홀로 여행이 아니었던 관계로 스타벅스만 갈 수는 없었다. 덕분에 방문한 곳이 싱가포르 요식업 프랜차이즈 토스트 박스Toast Box, 土司新语이다. 토스트 박스는 2005년 설립되어 서울보다 면적이 조금 더 큰 싱가포르에 70여 개 지점을 운영하고 있다. 마리나 베이 인근만 하더라도 대부분의 쇼핑몰과 상점에 토스트 박스가 있을 정도이다. 토스트 박스는 싱가포르의 1940년대부터 1970년대의 모습과 문화를 콘셉트로 잡았다. 영국 식민지 시절을 떠오르게 하는 건축 양식의 인테리어와 그 시절 유행한 난양Nanyang 코피Kopi, 전통 카야Kaiya 잼을 바른 토스트와 반숙 계란을 조합한 코피티암Kopitiams을 재현해 냈다. 코피는 싱가포르 전통 커피로 쓴맛보다는 미묘하게 달달한 캐러멜 맛이 난다. 그리고 코피티암은 전통적으로 싱가포르에서 커피를 마시는 스타일로 토스트 박스가 아니더라도 독립 커피 전문점에서도 맛볼 수 있다. 이러한 메뉴들은 원래 싱가포르에서만 맛볼 수 있었던 특별한 메뉴였지만 지금은 토스트 박스와 함께 중국, 홍콩, 대만, 자카르타 등으로도 진출했다. 그래도 호텔 조식 대신 먹은 본토 토스트 박스의 전통적인 코피와 코피티암은 그 맛이 좋아 또 생각나는 맛이다. 귀국길에는 저절로 선물용 카야 잼에 손이 가 몇 개 구입해왔다.

Toast Box - Esplanade
8 Raffles Ave, #01-01/03 Esplanade Mall, Singapore

중국
상하이

한 해가 다르게 발전하는 중국은 방문할 때마다 놀라움을 금치 못한다. 또한 러시아, 캐나다, 미국 다음으로 넓은 면적을 자랑하는 만큼 도시마다 제 각각 다른 색을 내, 가는 곳마다 새로움을 선사하기도 한다. 그렇게 직접 경험한 중국은 낙후된 환경과 개성 없이 단일화된 나라라는 편견을 무참히 깨트렸다. 중국 베이징, 칭다오, 하이난 지역 다음으로 처음 찾은 상하이는 새롭게 오픈한 스타벅스 리저브 로스터리Shanghai Starbucks Reserve ™ Roastery를 방문하기 위해서였다. 그런데 주목적 외 상하이에서 또 다른 면모의 중국을 느끼고 어느새 반해버려 또다시 상하이로 향할 기회를 노리고 있다.

상하이만의 매력

상하이는 1920년대부터 1930년대까지 동양 최대의 항구 도시로 국제적인 관심을 한 몸에 받으며 동아시아에서 가장 크고 번영한 도시로 자리 잡았고, 이에 중국 전역뿐만 아니라 세계 각국에서 이주를 해 와 색다른 문화의 중심지가 되기도 한다. 하지만 일본 침략과 내전, 제2차 세계 대전을 겪으며 고전을 면치 못하는 시기가 오기도 한다. 오랜 기간 주춤했던 경제는 1990년대에 들어서 진행한 재개발을 통해 다시 가파르게 성장세를 탔으며 재기에 성공한 상하이는 중국에서 가장 부유한 도시가 된다. 또한 혁신과 발전은 무역과 금융, 상업, 운송업 등으로 이어져 중국의 중심이자 세계의 중심이 되는데 일조한다. 상하이 푸동 국제공항上海浦东国际机场에 도착해 시속 300km 이상의 자기부상열차 마그레브Maglev를 타고 29km 거리에 있는 메트로 역을 8분 만에 관통하는 순간 이미 경제 성장 최고의 도시이자 기술 개발의 미래 도시에 도착했음을 직감할 수 있다.

시내로 나와 비가 오는 날 신호마다 차들의 행렬을 정리하는 경찰, 담배꽁초 하나 용납하지 않고 쓸고 또 쓸고 있는 환경미화원, 화단에 늘어선 풀과 꽃을 정리하는 조경관리원들, 일사불란하게 메트로 역 입구마다 보안검

색대를 지키고 있는 검사원들의 모습을 보면 질서 정연하다는 생각과 함께 중국의 관리 체계가 조금은 과하다는 생각도 든다. 그러나 한편으로는 자연스럽게 중국어와 영어가 나란히 표기되어 있는 간판과 자본주의를 상징하는 맥도날, 스타벅스, 디즈니랜드 등이 들어선 것, 그리고 1920년대부터 1930년대까지 이어진 서양식 아르데코^{Art Deco} 양식의 건물과 옛 프랑스인 거주 지역의 스쿠먼石庫門 양식 건물이 그대로 남아있는 것을 보면 상하이는 그동안 접했던 여타의 중국 도시와는 다르다는 생각도 든다. 동전의 앞뒷면을 보여주듯 전면에는 경제 미래 도시를 상징하는 세계에서 두 번째로 높은 상하이 타워를 주변으로 화려한 스카이라인을 내세우고, 뒤로는 각기 다른 식민지를 대표하는 서양 건축 양식의 건물 26개가 상하이의 역사적인 배경을 기록한다. 상하이는 동서양이 긴밀한 조화를 이루었던 과거를 버리지 않고, 현재와 미래를 버무려 독특한 모습을 보여주는 곳이다.

중국에서 카페가 가장 많은 상하이

스타벅스는 1999년 중국의 수도인 베이징에 첫 둥지를 틀었다. 베이징의 상징과도 같은 중국 세계 무역 센터中国国际贸易中心 1층에 입점했으며 1년도 되지 않아 상하이로 발을 넓혔다. 특히 스타벅스는 초기 쓴맛에 적응하지 못하는 중국인들을 위해 달콤한 음료 위주로 선별해 프로모션을 진행하거나 커피와 함께 먹을 만한 다과 등을 선보였다. 또한 중국의 중추절 등에는 중국 전통 음식인 월병을 고급진 패키지에 넣어 판매하기도 했다. 월병은 꾸준한 인기로 중국 스타벅스의 명절 고정 상품이 되었다. 그리고 커피 콩 재배를 시작한 중국 윈난성云南省에 투자를 했으며, 2012년에는 첫 아시아 기반의 커피 농장 지원 센터를 개설하기도 한다. 20년이 지난 지금에는 160여 개 도시에 진출했으며 지속적으로 매장 확장을 물색하고 있다. 전 세계를 누비며 현지화 전략을 적절히 활용하는 스타벅스는 중국에서 또한 빛을 발하고 있는 것이다.

상하이는 현재 세계에서 스타벅스 매장이 가장 많은 도시이지만 원체 땅이 넓은 만큼 매장 개수나 크기와 상관없이 서울처럼 스타벅스가 자주 보이지는 않는다. 오히려 스타벅스와 스타벅스 사이의 거리가 멀어 찾기를 포기하고 다른 커피 프랜차이즈나 로컬 카페를 찾아 들어가는 횟수가 많았다. 베이징 면적의 1/2도 안 되는 상하이지만 스타벅스뿐만 아니라 중국에서 가장 많은 커피 전문점이 집중되어 있어 커피 전문점의 수는 베이징의 2배 가까이 늘어나고 있으며, 가장 낮은 폐점률을 자랑하고 있다.

　중국은 100여 년 전부터 커피를 마시기 시작했으나 중국만의 차 문화가 뿌리 깊게 박혀있어 대중적인 커피 시장이 형성된 것은 얼마 되지 않는다. 서양과 교류가 가장 활발했던 1930년대 와이탄에 상하이 최초의 카페가 문을 열었지만 중국의 다른 도시와 마찬가지로 커피와는 담을 쌓았었다. 그리고 1980년대에 이르러서 인스턴트커피 시장이 형성되고, 1999년에 스타벅스와 함께 원두 커피 시장이 열렸다. 젊은 층에서 점진적으로 커피 소비 형태가 형성되며 최근에는 한 해가 다르게 커피 시장이 넓어지고 있다. 덕분에 상하이 스타벅스 리저브 로스터리를 방문하기 위한 상하이 여행이었지만 뜻하지 않게 만난 중국인 바리스타 청년의 안내로 중국에서 정확하지 않은 구글 지도 때문에 찾기 어려웠던 로컬 카페들을 조목조목 돌아볼 수 있게 되었다.

1984 북스토어앤카페 <small>1984 Bookstore & Café</small>

19세기 후반 상하이에 거주한 프랑스인들의 지역에 위치한 1984 북스토어앤카페. 카페를 알리는 간판이나 표식이 없어 들어가는 철문을 가정집 문으로 생각해 그냥 지나친 것만 몇 번. 그만 돌아갈까 생각하던 찰나 11번지의 굳게 닫힌 철문을 용기 있게 열어봤다. 작고 좁은 복도 안쪽 유리창이 달린 문으로 나를 맞이하는 사람들의 눈과 마주쳤다. 그렇게 들어선 1984 북스토어앤카페는 벽돌로 된 벽면 곳곳이 책으로 가득 찬 카페이다. 중국어로 된 책뿐만 아니라 영어로 된 책도 있으며, 소설, 에세이, 여행, 독립 출판물 등 그 종류 또한 다양하다. 하지만 카페 이름, 구성과는 달리 책을 판매하고 있지는 않다. 책장에 꽂혀있는 책들은 카페 안에서라면 마음껏 자리에 앉아 차 한 잔의 여유를 즐기며 읽을 수 있다.

1984 북스토어앤카페는 오래된 집을 개조한 듯 1층은 작은 거실과 방, 안뜰로 구성되어 있다. 화장실과 부엌은 들어오는 문과 이어진 복도 생활 공간과 별도로 각각 마련되어 있는 독특한 구조이다. 카페에 들어서면 누가 점원인지 손님인지 알 수 없지만 '주문하는 곳Order Here'에 서면 재빨리 누군가 주문을 받기 위해 다가선다. 그리고 주문을 하면 바리스타는 손님이 들어온 문을 열고 나가 복도에 있는 부엌에서 음료 또는 다과를 준비해 온다. 주문을 한 후 카메라를 들고 매장 안을 둘러보고 있자 바리스타가 안뜰의 느낌도 좋다며 안내해 주었다. 정돈되지 않았지만 내부와 비슷한 크기의 안뜰은 날이 좋으면 사색을 즐기기에 좋을 곳이었다. 카페는 전체적으로 조용하고 앤티크한 가구와 조명이 안락한 분위기를 조성한다. 오며 가며 마주치는 고양이는 사람들의 인기척에도 익숙하다는 듯 고개 한 번 들지 않는다. 낮에는 카페이자 밤에는 문화 강연 등이 열리는 지역 커뮤니티로서 동네 주민들은 물론 로컬 한 분위기에 외국인 관광객들도 종종 방문하는 특별한 곳이다. 이를 반영하듯 1984가 새겨진 에코백이나 디자이너들이 만든 문구류 등도 함께 판매하고 있다.

그 외에도 바리스타 청년은 이런저런 말을 건네왔다. 어느 나라 사람인지, 상하이에 온 목적은 무엇인지 등 이것저것 물어 대충 넘기려다 상하이에 온 목적을 로컬 카페를 찾아보기 위해서라고 설명했다. 그러자 혹시 방문하고자 하는 카페 목록을 볼 수 있느냐고 물어왔다. 이 사람 참 집요하네 싶으면서도 재미 삼아 구글 지도에 있는 리스트를 보여주었다. 몇 개를 훑어보던 그는 어떤 유형의 카페를 좋아하는지 물어와 책이 있는 카페도 좋고 독특한 카페도 좋다고 했다. 그러자 책을 좋아하는 사람에게 추천할만한 카페 하나, 상하이에서만 경험해 볼 수 있는 카페 하나를 소개해 주었다. 카페에서 나올 때쯤 밀려 들어오는 손님들로 아쉽지만 다시 인사를 나누지 못했다.

上海市徐汇区湖南路11号

엘즈 북 카페 앤 와인 L's Book Café & Wine

엘즈 북 카페 앤 와인은 1984 북스토어앤카페 바리스타 청년이 소개해 준 첫 번째 카페이다. 이곳은 중국 현대 문학을 대표하는 상하이 태생의 소설가 엘린 장 Eileen Chang, 1920-1995의 숨결이 묻어있는 카페로 상하이에서 가장 유명한 북카페 중 하나로 꼽힌다. 엘린 장은 양조위, 탕웨이 주연으로 우리에게도 익숙한 영화 〈색, 계 Lust, Caution, 2007〉의 원저자이다. 그녀는 제2차 세계 대전 동안 상하이와 홍콩에 살면서 경험한 역사적인 배경을 바탕으로 현대사를 섬세하게 담아낸 낭만적인 사랑 이야기로 유명하다. 엘즈 북 카페 앤 와인은 1936년 세워진 역사적인 건물에 자리 잡은 카페로 엘린 장이 1942년부터 5년 동안 같은 건물 아파트 5층에서 살았으며, 그 시기에 유명 소설을 집필하고 출판하기도 한다. 아파트는 거주자 외에 들어갈 수 없지만 안팎 모두 엘린 장이 있던 시절과 크게 다르지 않아 엘린 장의 팬들은 외관 사진이라도 남기고자 문 앞에서 촬영을 하기도 한다. 엘즈 북 카페 앤 와인의 주인 또한 엘린 장의 열렬한 팬으로 그녀가 살았던 아파트 1층에 카페를 열게 되었다.

엘즈 북 카페 앤 와인의 화려한 유럽식 철문을 넘어 볕이 좋은 날 파라솔 밑에서 차 한잔 하기 좋은 작은 안뜰을 지나 오래된 문을 열면 엘린 장이 살았던 시대로 이동하듯 색다른 시공간이 펼쳐진다. 1940년대 상하이를 연상시키듯 크림색 꽃무늬 벽지를 펴 바른 매장 안은 작지만 벽면을 따라 책이

빼곡히 꽂혀있는 책장이 늘어서 있다. 책장에는 엄선한 중국어 책이 대부분이지만 입구 쪽에는 엘린 장이 집필한 중국어로 된 책뿐만 아니라 영어로 된 책 또한 나란히 꽂혀있다. 그리고 책장 사이사이에는 엘린 장의 초상화와 함께 빈티지 전화기, 축음기, 조명 등이 배치되어 있다. 번잡한 거리를 등지고 조용하고 안락한 옛 공간을 선사하는 엘즈 북 카페 앤 와인에서는 다들 이렇게 조용히 대화를 나눌 수 있구나 싶을 정도로 소곤 소곤 말을 이어 나간다. 덕분에 매장 안은 고요한 클래식만 음악이 귓가에 맴돈다. 매장에는 커피와 차, 칵테일, 와인, 케이크, 베이커리 등이 준비되어 있다. 따뜻한 차와 달콤한 케이크를 먹으며 엘린 장이 있던 그때 그 시절 상하이 분위기를 느끼며 책을 읽거나 여행기를 정리하기에 적합한 곳이다.

上海市静安区五里桥静安寺常德路195号

유디파인 카페|Udefine Cafe

유디파인 카페는 1984 북스토어앤카페 바리스타 청년이 소개해 준 두 번째 카페이다. 1930년대 초 스페인 스타일의 주택이 들어선 이곳은 한때 중국을 풍미했던 영화배우 루안 린규가 살았던 곳으로 루안 린규의 레지던스^阮 玲玉故居라고 칭하기도 한다. 그녀가 죽던 날 상하이에서는 20만 명이 넘는 사람들이 거리로 나와 애도를 표하기도 했다. 레지던스는 상하이의 독특한 주거 형태로 꼽히는 전형적인 스쿠먼 양식으로 서양식 테라스 주택에 각 집마다 식물 등을 키울 수 있는 안뜰, 뒤로는 아치형 문을 가진 것이 특징이다. 그런데 루안 린규의 레지던스까지는 구글 지도를 보고 찾을 수 있었으나 유디파인 카페는 도저히 찾을 수 없었다. 날이 어둑해지자 결국 바리스타 청년의 바이두 지도 캡처 화면을 관리 아저씨에게 보여주며 카페가 있는 곳을 물었다. 영어로 소통은 불가했지만 바이두 지도 속 장소를 보며 아저씨는 '쌍'이라 외쳤다. 찰떡같이 세 번째 주택이라 알아듣고 달려간 곳에는 뛰어다닐 때에는 보이지 않던 간판이 조그맣게 보였다.

바깥의 소음이 전혀 닿지 않는 레지던스 한 층을 모두 차지한 유디파인 카페는 스쿠먼 양식의 안뜰을 적절히 활용한 카페로 실제 현지인들이 살고 있는 주거 공간에 위치해 있다. 덕분에 비 거주자임에도 불구하고 자연스럽게 그들의 삶 속에 들어갈 수 있다. 신천지에 위치한 대한민국 임시정부 유적지도 그렇고 유디파인 카페도 그렇고 주거 공간에 있는 개방된 공간이 중국인들에게는 불편하지 않는듯싶다. 이 묘한 매력에 레지던스 앞까지는 어릴 적 친구 집에 놀러 온 듯한 기분이 들지만, 카페 안에 들어서는 순간부터는 힙한 갤러리에 들어온 듯한 느낌을 받을 수 있다. 오래된 듯한 나무 바닥과 하얀 벽돌에는 세월이 켜켜이 묻어있지만, 예술 작품과 조화를 이룬 안뜰, 새하얀 대리석의 테이블과 금속 다리, 의자는 시크한 예술적 감각을 뽐낸다. 그리고 독특하게도 카페에는 커피뿐만 아니라 화려한 보석과 명품을 판매하고 있어 더더욱 갤러리 같다는 느낌을 받는다. 구글 지도에서도 찾아볼 수 없는 유디파인 카페는 바리스타 청년이 아니었다면 찾을 수 없었을 거다.

上海市静安区新闸路1124弄

상하이 스타벅스 리저브 로스터리

중국은 전통적인 차 문화가 유명하지만 상하이뿐만 아니라 크고 작은 도시를 통해 커피 문화가 빠르게 전파되고 있다. 지금까지 주요 커피 시장이 베이징, 상하이와 같이 대도시에 살고 있는 중산층이나 새로운 것을 갈구하는 젊은 층에 한정되어 있었다면, 빠른 도시화와 해외여행 증가로 더 많은 사람들이 커피에 노출되고 있으며 소비 주체 또한 늘어나고 있다. 중국의 원두 커피 시장을 열고 커피 시장의 반 이상을 장악하고 있는 스타벅스를 유럽의 코스타 커피Costa Coffee, 미국 맥도날드McDonald's의 맥 카페McCafé가 점차 추격하고 있으며 시장의 범위 또한 넓어지고 있다. 길에서 손쉽게 만날 수 있는 세븐일레븐7-Eleven, 로손Lawson 편의점 등에서도 가성비 좋은 커피를 판매하고 있다. 그뿐만 아니라 품질 좋은 커피와 세련된 분위기를 자랑하는 독립 커피 전문점도 늘어나는 추세이다. 19세기 프랑스 선교사들이 중국에 커피를 전한 것으로 추정되지만 그동안 빛을 보지 못하다 이제야 새로운 바람을 맞고 있다. 처음 책을 쓰기 위해 자료를 정리할 때까지만 하더라도 중국에는 3,400여 개의 스타벅스가 있었다. 하지만 몇 달 사이 4,000여 개의 매장이 되었고 더 이상 스타벅스 매장 수를 체크하는 데 쏟는 시간이 무의미해지는 시점에 도달했다. 한국은 17년 만에 1,000번째 매장을 오픈한데 반해 중국은 20년 만에 4배에 달하는 매장을 오픈한 것이다. 중국은 소도시들이 무궁무진한 만큼 스타벅스는 무한한 가능성을 안고 전진하고 있다.

상하이에 문을 연 원형의 리저브 로스터리는 월드컵 경기장의 3분의 1에 달하는 크기로 처음 보는 사람의 입을 쩍 벌리게 한다. 이곳은 비교적 커피에 익숙하지 않은 중국인들을 대상으로 커피의 모든 것을 보여주는 공장과도 같다. 1층에는 삼베 자루 속 커피 콩을 꺼내 굽고 식혀서 한 잔의 커피로 만드는 과정을 보여준다. 특히 매장 한가운데에서 이목을 끄는 40톤의 청동 캐스크^{Cask}는 캐스크에 꽂힌 파이프를 따라 원두가 요란스럽게 이동하는 모습 외에도 1,000개의 한자 스탬프가 새겨져 있어 중국만의 독특한 분위기를 만들어낸다. 또한 청동 캐스크 뒤에 있는 솔라리 보드^{Solari Board}는 현재 로스팅 되고 있는 원두의 원산지 및 맛 등을 표시한다. 하지만 아쉽게도 솔라리 보드는 1층에서 잘 보이지 않아 2층에 올라 난간 쪽에 서서 보는 것이 편하다. 때로는 퍼포먼스를 하듯 솔라리 보드를 통해 상하이의 영문 표기인 SHANGHAI를 만들어 보이기도 한다. 이곳에서 로스팅 된 커피는 당일 포장되어 판매되기도 하고 매장 내에서 소비되기도 한다. 1층에는 그 외 이탈리아 프리미엄 베이커리 프린시^{Princi}, 다양한 커피 기기 및 상품을 판매하는 코너, 커피를 배우고 익힐 수 있는 커뮤니티 공간이 마련되어 있다. 2층에는 1층과 같이 로스팅 공간이 있으며 다양한 차 종류를 선보이는 티바나^{Teavana}, 이탈리아 전통 식전 음료와 다과를 선보이는 아리비아모 바^{Arriviamo Bar}가 있다.

　여기까지는 여느 리저브 로스터리와 다를 바가 없지만 상하이는 중국 전자 상거래 기업인 알리바바^{Alibaba}와 협업해 타오바오^{Taobao} 앱을 통해 매장 내 증강 현실 경험 등을 추가했다. 앱 상의 스타벅스 페이지에는 상하이 리저브 로스터리의 상세한 지도 및 공간에 대한 소개가 되어 있다. 그뿐만 아니라 로스팅 되는 과정, 양조 방법 등을 시각적으로 보여주고, 다양한 커피 장비, 음료 종류에 대해서도 정보를 얻을 수 있다. 사용하는 방법은 지도를 클릭하는 것 외에도 카메라를 캐스크나 장비 등에 비추면 자동으로 증강 현실이 나타난다. 기술을 활용해 커피에 친숙하게 다가갈 수 있도록 호기심 자극은 물론 편의를 더했다. 하지만 아쉬운 것이 있다면 건물이 쇼핑몰과 이어져 있어 독립성이 떨어지는 점이다. 특히 1, 2층 모두 다른 공간과 이어지는 부분이 투명창으로 되어 있어 온전히 리저브 로스터리를 즐기기에 역부족이다. 미국, 일본, 이탈리아를 통틀어 다른 공간과 함께 층을 공유하고 있는 곳은 중국이 유일하다. 미국 뉴욕의 경우에도 건물 자체는 다른 기업들과 함께 사용하고 있지만 리저브 로스터리가 있는 층만큼은 공유하고 있지 않다. 또한 증강 현실이 다양한 정보를 제공하는 역할을 해줄 수도 있지만 커피에 대한 역사를 엿볼 수 있는 라이브러리 공간이 협소해 눈여겨보지 않으면 지나치기 십상이다.

星巴克臻选上海烘焙工坊
上海市静安区南京西路789号Unit 110 & 201

상하이 디즈니랜드 스타벅스

스타벅스와 월트디즈니가 손을 잡기 시작하면서 2014년부터 디즈니월드와 랜드에서도 스타벅스를 만나볼 수 있게 되었다. 상하이 디즈니랜드는 2016년 거대한 성을 비롯 토이스토리 랜드, 투모로우 랜드, 어드벤처 아일랜드 등 6개 테마를 가지고 오픈했다. 넓은 대지를 활용한 영화 〈트론〉, 〈캐리비안의 해적〉 체험은 상하이 디즈니랜드에서 가장 재미있는 어트랙션으로 꼽히며 상하이를 찾는 수많은 관광객들의 필수 코스로 고려된다. 그리고 상하이 디즈니랜드와 함께 입성한 스타벅스는 외관상으로는 리저브 로스터리의 축소판과도 같이 동일한 원형의 형태를 하고 있다. 2층으로 이루어진 디즈니랜드 스타벅스는 들어서자마자 매장을 진두지휘하듯 주문하는 곳과 음료 만드는 곳이 가운데 있으며, 뒤를 돌아 매장을 둘러싼 매대에는 시즌을 알리는 제품, 상하이 한정판 제품, 중국 도시별 머그, 전 세계 동일한 규격의 유아히어 컬렉션You Are Here Collection 등이 진열되어 있다. 혹시 상하이 디즈니랜드 스타벅스 만의 한정판 제품이 있지 않을까 기대했지만 찾아볼 수 없어 상하이 유아히어 컬렉션만 구입했다. 2층에는 적절히 앉을 수 있는 좌석과 스탠딩 공간이 마련되어 있어 디즈니랜드를 오가며 쉴 수 있다.

上海迪士尼度假区官方网站
上海迪士尼度假区

미국
워싱턴 디씨

백악관, 국회의사당, 스미소니언 재단 박물관 등을 보기 위해 세계를 이끄는 리더들뿐만 아니라 수많은 관광객들이 미국의 수도, 워싱턴 디씨로 모여든다. 처음 방문했을 때에는 워싱턴 디씨를 뉴욕 여행의 덤으로, 당일 치기로 다녀오는 곳으로만 생각했다. 새벽같이 일어나 메가버스를 타고 편도 4시간 30분 꼬박 달려 도착한 워싱턴 디씨는 분주한 뉴욕과는 달리 비교적 한적했다. 널찍한 건물들 사이로 자리 잡은 내셔널 몰이라는 기념비적인 공간은 미국이라는 나라의 위상과 위엄을 보여주었다. 그렇게 시작해 1년에 두세 번 방문하는 도시가 되었고, 무비자 협정 기간에 맞춰 워싱턴 디씨에서 두 달 살기를 해보는 등 다양한 경험을 해보게 되었다.

스타벅스보다는 블루보틀?

유독 미국 워싱턴 디씨만 오면 스타벅스보다 블루보틀^{Blue Bottle Coffee}을 이용하는 빈도가 높아진다. 보통 유럽이나 아시아를 여행할 때면 가장 가깝게 방문하는 곳이 스타벅스인데 미국에서는 스타벅스 이용 앱을 통해 리워드도 쌓고 골드 카드도 발급받긴 했지만 이른 아침 눈을 뜨자마자 달려가는 곳은 주로 조지타운에 위치한 블루보틀이다. 지점에 따라 다르지만 묵었던 곳 근처에 위치한 스타벅스는 노숙자들의 왕래가 잦았고 매장 관리가 잘되지 않았기 때문이다. 특히 매장 테이블과 바닥에 떨어진 빵 부스러기, 보다 만 신문이 그대로 방치되어 있는 경우가 많았다. 반면 블루보틀은 문을 여는 순간부터 환한 매장에 테이블과 바닥이 말끔하고 화장실까지도 깨끗하게 관리되어 있어 눈살 한 번 찌푸린 적이 없었다. 당시에는 워싱턴 디씨에 딱 하나 있는 블루보틀 매장이었던 만큼 방문객이 많았음에도 관리가 잘 되어 있는 모습은 감탄 그 자체였다. 미국에서 가장 오랜 시간을 지내게 된 워싱턴 디씨에서 스타벅스와 블루보틀에 대한 첫인상이 극명히 갈리다 보니 자연스럽게 블루보틀이 있다면 스타벅스 매장 방문은 다음으로 미루게 되었다.

워싱턴 디씨의 첫 번째 블루보틀이 자리 잡은 조지타운 엠 스트리트^{M Street}는 워싱턴 디씨가 미국의 수도로 자리 잡기 전, 18세기 지어진 올드 스톤 하우스^{Old Stone House}에서 조지타운 대학교^{Georgetown University}로 이어지는 거리로 메릴랜드에서 버지니아로 뻗어 나가는 포토맥 강^{Potomac River}이 지나고 있어 일찍이 항구로 개발되었다. 엠 스트리트는 강변의 중간 정착지로 유동인구가 많아 상점가가 형성되었고, 워싱턴 디씨의 초기 경제 부흥과 인구 증가에 영향을 주기도 한다. 수도 이전을 위해 주변 환경이 바뀌는 와중에도 엠 스트리트만은 그때 그 모습 그대로 간직되어 옛 것과 새로운 것의 조화를 좋아하는 사람들에게 최적의 여행지가 되고 있다. 덕분에 워싱턴 디씨를 방문하는 관광객들은 조지타운 엠 스트리트를 필수로 방문하고 나 또한 친구들이 워싱턴 디씨를 방문하면 이곳으로 안내한다. 조지타운 엠 스트리트에는 터줏대감인 필로메나 레스토랑^{Filomena Ristorante}을 비롯 조지타운 컵케이크^{Georgetown}

Cupcake, 스위트 그린Sweet Green, 돌체짜Dolcezza 등 조지타운에서 시작해 유명해진 레스토랑과 디저트 상점들이 있고, 전 세계 내로라하는 브랜드들의 팝업스토어 또한 이곳에서 가장 먼저 선을 보이고 있어 흥미롭게 구경 할 수 있다. 하지만 최근에는 워싱턴 디씨의 다른 거리들도 오래되고 낙후된 것을 유지보수하고 개발하기 시작하면서 깨끗한 환경과 안전을 기본으로 힙한 레스토랑과 카페들이 들어서 조지타운 외에도 선택지가 많아지고 있다. 또한 오래된 거리에는 거리의 역사를 표지판으로 적어두어 역사 여행을 하듯 읽으며 거리를 거리면 그 의미도 새길 수 있어 좋다. 블루보틀은 조지타운뿐만 아니라 유니언 스테이션Union Station, 유니언 마켓Union Market, 워프The Wharf 등에 거리의 특색을 살린 매장 총 여섯 곳을 오픈했다. 몇몇 지점은 스타벅스와 마주하며 경쟁구도를 이루고 있지만 그 외에는 블루보틀만 위치해 있어 고민 없이 블루보틀로 향하게 된다.

그래도 마음에 드는 스타벅스는 있다

그렇지만 오며 가며 들르기에는 스타벅스만한 곳이 없다. 워싱턴 디씨에만 스무 곳이 넘는 스타벅스가 있으며 아직도 매장을 늘리고 있어 지난 시즌에는 없었던 매장이 다음 시즌에는 새롭게 생겨나 있기도 하다. 개인적으로 워싱턴 디씨에는 마음에 드는 스타벅스가 딱 두 곳 있다. 한 곳은 조지 워싱턴 대학교 George Washington University 겔먼 도서관 Gelman Library 1층에 위치한 스타벅스로 도서관 오픈 시간 앞뒤로 여유를 두어 주중 오전 5시 30분에 열고 오전 12시에 닫는다. 워싱턴 디씨에서 가장 빠르게 문을 열고 가장 늦게 문을 닫는 곳이다. 때문에 도서관을 오가거나 과제 또는 시험공부를 하는 학생들, 학교를 구경 온 관광객 등 다양한 사람들의 모습을 볼 수 있다. 나는 시차 문제로 일찍 일어나거나 늦게까지 잠을 청하지 못할 때 노트북을 하거나 책을 읽기 위해 종종 찾았었다. 이곳은 'ㄷ'자 모양으로 가짜 책이 꽂혀있는 책장을 만들어 도서관 분위기를 냈다. 책장의 가짜 책은 조지 워싱턴 대학교를 상징하는 색상으로 만들어 배치하는 센스를 발휘했다. 매장 안에는 대화를 나누는 사람들보다 제각각 노트북을 하거나 책을 읽는 사람들이 많아 실제 도서관에 와 있는 듯한 착각을 불러일으키기도 한다.

Starbucks
2130 H St NW, Washington, DC 20052, United States

다른 한 곳은 조지타운의 상징과도 같은 엠 스트리트 옛 벽돌 건물들 사이에 2019년 새롭게 자리 잡은 스타벅스이다. 조지타운 엠 스트리트는 걸어서 13분 밖에 되지 않는 짧은 거리이지만 오클랜드의 블루보틀, 워싱턴 디씨 로컬 브랜드 콤파스 커피^{Compass Coffee}, 버클리의 피츠 커피^{Peet's Coffee}, 뉴욕

의 블루스톤 레인^{Bluestone Lane}, 그리고 시애틀의 스타벅스가 들어서 있다. 워싱턴 디씨에서 매장을 늘리고 있는 필라델피아의 라 콜롬비^{La Colombe}도 머지않아 이곳에 매장을 오픈하지 않을까 싶다. 어쨌든 스타벅스는 이미 엠 스트리트와 포토맥 강변 두 곳에 매장이 있음에도 거리 끝자락 키 메모리얼 다리^{Francis Scott Key Memorial Bridge} 초입에 또 하나의 매장을 오픈했다. 새로 생긴 매장은 조지타운 옛 건물의 새하얀 내외벽 벽돌을 그대로 살렸으며, 벽면에는 액자 대신 그림을 그려 기다란 아치형 창문 너머로 보이는 엠 스트리트 풍경과 함께 운치를 더했다. 또한 매장 한가운데 자리 잡은 카운터와 비슷한 높낮이의 테이블과 의자는 밝은 톤의 나무를 선택해 창 너머 스며드는 햇살과 함께 편안한 분위기를 연출했다. 덕분에 기존 스타벅스와는 다른 분위기를 자아내며 스타벅스가 일상인 미국인들조차도 핸드폰을 꺼내 들고 매장 안을 촬영하게 만든다.

Starbucks
3347 M St NW, Washington, DC 20007, United States

친절한 스타벅스 씨

　미국 워싱턴 디씨는 출근 시간이 다양한 편이지만 모닝커피를 마시기 좋은 오전 7시부터 10시까지 어느 스타벅스든 줄이 긴 편이다. 주문하기 위해 줄을 서고 음료가 나오기까지 기다리는 시간이 길어 이를 줄이기 위해 보통 스타벅스 앱으로 주문을 한다. 때문에 나 같은 경우에도 정기적으로 매월 30달러씩 앱으로 간편하게 충전을 해놓고 사용하는 편인데 신상 카드가 나오면 이와 별개로 최소 충전 금액을 실물 카드에 충전하고 다시 앱으로 연동을 요청한다. 한 번은 발렌타인데이 한정판 카드가 출시되어 기쁜 마음으로 최소 충전 금액 20달러를 요청하며 100달러를 내밀었다. 평소 지갑에 현금을 넣어가지고 다니지 않는데 그날따라 100달러짜리가 지갑을 지키고 있었다. 하지만 점원은 받아든 100달러를 포스 기계에 넣고 잔돈 없이 충전한 카드만 돌려주었다.

카드를 받으며 점원에게 "20달러만 충전해 달라고 했어요."라고 말하자 그제서야 실수했다는 듯 포스 기계를 열어 일부를 환불해 주려는데 아무리 해도 포스 기계가 열리지 않았다. 당황한 점원은 다른 점원들과 이야기를 나눈 후 규정상 기프트 카드는 한번 적립하면 환불이 불가하고, 포스 기계는 현금 결제가 진행될 때에만 열리도록 되어 있다며 지금은 예외 상황이니 지점을 담당하는 매니저에게 전화를 걸어 보겠다 했다. 통화가 끝나고 몇 분 후 도착한 매니저도 포스 기계를 열어보려 시도했지만 마스터 키로도 포스 기계는 열리지 않았다. 이쯤 되면 나도 100달러 정도는 언젠가 다 쓸 수 있을 거라는 생각에 포기할 만한데 마침 무비자로 여행할 수 있는 기간이 만료되고 있어 곧 한국에 돌아가야만 했고 이직 준비를 하고 있어 언제 다시 미국에 올지 몰라 꼭 환불을 받아야 할 것만 같았다.

하지만 점원에 매니저, 나중엔 워싱턴 디씨를 관할하는 점장까지 이틀에 걸쳐 노력했지만 포스 기계는 묵묵부답으로 일관했다. 점장은 스타벅스 카드 뒷면에 있는 번호로 전화를 걸어야 해결이 될 것 같다는 말과 함께 본인의 명함을 쥐여줬다. 그리고 지점명과 본인의 이름, 있었던 일을 상세하게 이야기하면 바로 해결해 줄 것이라는 말도 덧붙였다. 그 말을 듣는 순간 문제가 해결된다는 안도감보다 영어로 전화를 해야 한다는 생각에 눈앞이 캄캄해졌다.

물론 몇 년 간 여행사에서 일을 하며 영어로 대화할 일이 많았다. 특히 마케팅 업무의 일환으로 호텔 협찬을 해 조율하기도 하고, 인스펙션으로 방문한 호텔의 컨디션 개선을 위해 조목조목 시정 요청을 하기도 했다. 다년간 쌓아 온 노하우를 바탕으로 불편 사항을 영어로 말하는 것쯤은 익숙하다. 그런데 미국에 오고 얼마 지나지 않아 애플 제품에 문제가 생겨 콜센터에 전화를 했다가 의사소통이 되지 않는다는 이유로 상담원이 몇 번 바뀐 후로 영어에 대한 자신감은 무너진 때였다. 그냥 매일 스타벅스에서 20달러씩 사 먹을까도 생각해 보고, 미국에 살고 있는 친구들에게 선물로 주는 건 어떨까도 생각해 보고, 아니면 친구에게 통화를 부탁해 볼까도 생각해 봤지만 마음을 움직이는 답은 없었다. 대신 언젠가는 극복해야 할 일인 만큼 전화 영어에 대한 두려움을 없애는 계기로 삼아보고자 마음먹었다.

우선 스타벅스에 전화하기 전 예상되는 내용을 스크립트로 적어두고 연습에 연습을 거쳐 만반의 준비를 했다. 몇 번의 신호가 가고 녹음된 안내 메시지가 들려왔다. 메시지를 따라 번호를 누르고 기다리니 드디어 상담원과 연결이 되었고, 나는 미리 준비해 둔 스크립트를 따라 연습한 대로 운을 뗐다. 그러나 상담원의 답변은 준비한 것과 달리 충전된 카드의 환불은 구입한 상점에서 가능하다는 것이다. 다시 일련의 사건을 설명하며 갖가지 노력을 다했지만 결론적으로 되지 않았고 매장 직원의 과실로 일어난 일에 대해 더 이상 내 시간을 허비하며 책임지고 싶지 않다고 했다. 그러자 본인은 결정권자가 아니어서 높은 직급의 다른 사람과 이야기를 나눌 수 있도록 조치를 취해준다며 조금만 기다려 달라고 했다. 설마 또 내가 하는 말이 잘 전달되지 않아 상담원을 바꾸려는 건가라고 생각하는 찰나 새롭게 전화를 받은 사람이 드디어 일을 해결해 주었다. 스타벅스 정책상 현금으로 즉각 돌려줄 수 있는 방법은 없고 미국 계좌가 있다면 계좌로 돈을 돌려받을 수 있도록 주소지로 종이 수표를 보내주겠다는 것이다. 며칠 후 스타벅스 로고가 프린트된 종이 수표가 우편함에 도착했다. 종이 수표에 적힌 100달러를 보는 순간 그동안의 노고뿐만 아니라 애플 콜센터와의 기억도 말끔히 씻어내려 갔다. 이 경험을 바탕으로 해외 항공사, 호텔, 레스토랑 등에서 영어로 컴플레인을 했다 하면 해결되는 뿌듯함을 경험하고 있다. 파리에서는 스타벅스가 향수병을 떨쳐주는 역할을 했다면, 워싱턴 디씨에서는 스타벅스가 영어에 대한 자신감을 되찾아 주었다.

워싱턴 디씨에서 만난 자주독립 대한민국

　워싱턴 디씨에는 원활한 교통 흐름을 위해 크고 작은 원형 교차로가 있다. 집중되는 교통량을 다방면으로 보내는 만큼 오고 가는 차량과 사람들도 많아 그 주위에 호텔, 레스토랑, 카페 등이 밀집되어 있기도 하다. 특히 로건 원형 교차로Logan Circle는 미국 북동부 메릴랜드에서 내려오는 길목으로 비교적 큰 교차로 덕분에 주변으로 주택가와 넓은 상점가가 형성되어 있다. 그리고 이곳에 대한민국을 온전히 느낄 수 있는 주미대한제국공사관이 있다. 이곳은 조선 후기부터 대한제국까지 조선이 자주 외교를 펼치던 곳으로, 일부 복원 및 보존을 위해 몇몇 기업과 함께 스타벅스 코리아도 3억을 기부했다. 또한 스타벅스 코리아는 이곳의 역사적인 가치를 알리기 위해 무형문화재인 김영조 낙화장과 협업해 주미대한제국공사관을 낙화로 작업하고 이를 반영한 텀블러를 제작해 판매하는 등 다양한 홍보 행사를 진행했다. 그리고 판매 수익을 다시 기금으로 전달하는 등 촘촘하게 계획된 애국 마케팅을 펼쳤다. 하지만 사실 주미대한제국공사관을 방문하기 전까지는 이곳에 대한 역사도, 스타벅스의 문화재를 지키기 위한 활동도 알지 못했다.

　고종은 1882년 조선 최초로 미국과 조약을 체결하고 이듬해 야심 차게 지금의 정동에 미국공사관을 개설한다. 뒤이어 세계 외교의 중심인 워싱턴 디씨에 주미공사를 파견하기 위해 노력하지만, 고종의 의사와는 무관하게 몇 년이 흐르도록 외압으로 지체가 된다. 1889년 우여곡절 끝에 공관원 11명을 현재 공사관 건물로 파견해 일본과 중국, 러시아의 이권 침탈에서 벗어나고자 자주독립국으로서 외교를 펼친다. 1891년에는 공관원의 입지를 다지기 위해 왕실 자금 2만 5천 달러로 첫 공사관 건물을 공식 매입하고, 1897년 대한제국 선포와 함께 주미조선공사관에서 주미대한제국공사관으로 명칭을 변경한다.

　하지만 뜻하지 않은 날이 다가오고 만다. 일본이 대한제국의 외교권을 박탈하고 국권마저 강탈한 것이다. 이런 상황에서도 미국 내 항일독립운동가들은 자주독립을 상징하는 주미대한제국공사관 사진을 우편엽서로 만드는 등의 활동 등을 하지만 1910년 끝내 주미일본공사가 주미대한제국공사관을 5달러에 매각하는 일이 발생한다. 이렇게 역사 속으로 사라진 공사관 건물은 제2차 세계대전에는 군인 휴양 시설로, 이후에는 노조 사무실, 개인 주택 등으로 용도가 변경된다. 그리고 1990년대 말 미주 한인사회에 의해 재조명되어 2013년, 문화재청이 매입해 국외소재문화재단과 함께 복원 공사를 시작한다. 역사 자료와 장인의 힘을 빌려 복구를 마친 2018년, 개관식에서 109년 만에 태극기가 다시 게양되었다.

의도한 건 아니지만 개관식 날 마침 워싱턴 디씨에서 지내고 있었다. 또비행 온 승무원 친구와 일정도 맞아 주미대한제국공사관을 방문했다. 워싱턴 디씨에는 워낙 좋은 박물관들이 많다 보니 공사관에 대한 기대감보다는 조상들의 옛 발자취를 찾아간다는 데 의의를 둔 방문이었다. 그런데 정원에서부터 환대를 해준 한인회 분이 1층부터 3층까지 열과 성을 다해 설명해 주신 덕에 대한민국 국민으로서 자긍심에 눈시울이 붉어지기 시작했다. 주미대한제국공사관은 1877년 지어진 빅토리안 양식의 건물로 지하는 연구 공간, 1층과 2층은 옛 외교 공간 모습을 그대로 복구했고, 3층은 당시의 자료를 찾을 수 없어 공사관의 역사를 엿볼 수 있는 박물관으로 꾸며두었다. 건물 뒤편에는 주차장을 없애고 정원은 한국에서 공수해 온 재료를 사용해 무형문화재 분들이 직접 한국식 정원으로 조성했다. 경복궁 안 대비들의 침전이었던 자경전慈慶殿 주변을 모티브로 건강과 장수를 기원하는 불로문不老門과 붉은 벽돌과 장식용 기와로 지어진 담벼락에 매란국죽梅蘭菊竹이라 일컫는 매화, 난초, 국화, 대나무를 장식했다.

19세기 모습을 그대로 살리기 위해 정원을 지나 들어서는 공사관 현관은 지붕과 기둥을 세우고, 오래된 문 안쪽에는 커다란 태극기를 복도 우측 벽면에 걸어 두었다. 위엄을 뽐내는 태극기 밑에는 방명록이 있고, 오고 가는 방문객들이 다양한 언어로 방문 소감을 적어두었다. 나 또한 방명록을 적다가

며칠 전 문재인 대통령이 방문한 것이 기억나 사인을 찾아보는데 이를 본 한 인회 분이 의도를 파악하고는 대통령의 사인은 따로 보관해 두었다고 귀띔해 주었다. 1층에는 총 네 개의 방이 있으며, 그중 세 개의 방이 개방되어 있다. 헌팅턴 도서관The Huntington Library이 소장하고 있는 1893년 사진을 바탕으로 귀빈을 접대하던 객당客堂, 사교 모임이 주최되었던 식당食堂, 임금이 있는 곳을 향해 절을 올리던 정당正堂의 모습을 재현해 두었는데 디테일이 살아있어 타임머신을 타고 19세기로 날아온 듯한 느낌을 자아낸다. 특히 건물 외관과 같이 빅토리안 스타일의 벽지를 프린트해 바르고, 앤티크 샵에서 발품을 팔아 구한 비슷한 가구, 한국화가 그려진 병풍, 자수를 놓아 만든 태극기 모양의 쿠션 등이 빛을 발한다. 또한 조선시대 도성을 떠나 지방의 일을 보던 관원들이 고종의 어진御眞과 황태자의 예진睿眞을 모셔 두고 음력 1월 15일 탄신일과 그 외 의미 있는 날 임금이 있는 곳을 향해 절을 올리는 망궐례를 드리던 정당은 고증을 거쳐 완성했다.

하지만 2층은 사진 자료가 남아있지 않아 물품 대장에 적혀있는 목록을 가지고 공사 부부의 침실과 직무실, 욕실, 공관원들의 서재와 직무실 등 총 다섯 개의 방을 재현했다. 각 공간에 맞는 가구와 집기, 소품은 역시나 빅토리안 스타일과 19세기 미국에서 손쉽게 구할 수 있는 것 위주로 매입했다.

세심한 구성은 사진 자료가 없었다는 것이 믿기지 않을 정도로 빈틈없이 꾸려져 있다. 나선형으로 된 계단을 올라 도착한 3층은 공관원들이 묵었던 공간으로 추정되지만 현재는 주미대한제국공사관이 걸어온 역사와 공관 복구에 대한 과정 등이 담겨있는 곳으로 재탄생했다.

친구와 처음 방문한 이후 워싱턴 디씨를 올 때마다 이곳을 찾고 있다. 작년 광복절에는 광복의 의미를 다지고자 방문한 한국인뿐만 아니라 다양한 인종 또한 볼 수 있어 자랑스러움에 가슴이 뜨거워지는 것을 느낄 수 있었다. 주미대한제국공사관은 동서양의 아름다운 조화는 물론 조선시대 말부터 대한제국까지 격변의 시기가 서려 있어 워싱턴 디씨를 방문하는 한국인이라면 꼭 한번 찾아볼만한 곳이다.

Old Korean Legation Museum
1500 13th St NW, Washington, DC 20005, United States

CAFE LIST

베이키드 조인트 A Baked Joint

베이키드 조인트는 2001년 조지타운에 문을 연 베이키드 앤 와이어드 Baked & Wired의 새로운 체인점이다. 베이키드 앤 와이어드는 가족 레시피를 중심으로 독특한 이름의 홈메이드 컵케이크를 판매하는 베이커리와 커피를 판매하는 커피 하우스로 운영되고 있다. 몇 년 전에는 여행 서적 론리 플래닛 Lonely Planet 워싱턴 디씨 Washington, DC 편에서 조지타운 컵케이크와 함께 조지타운을 대표하는 디저트 맛집으로 소개되면서 로컬 카페에서 전 세계 관광객들에게 사랑받는 곳이 되었고 현재까지도 그 인기를 이어 오고 있다.

새 체인점인 베이키드 조인트는 베이커리, 브런치 메뉴를 비롯 커피, 차, 맥주 등을 판매하는 카페 레스토랑 겸 펍으로 운영되고 있다. 베이키드 앤 와이어드가 인근 조지타운 대학교 학생들의 팀플 장소이자 토론 장소로 활용되었다면, 워싱턴 디씨 중심에 위치한 베이키드 조인트는 지역 주민들을 위한 베이킹 클래스, 재즈 공연, 영화 상영 등 폭넓은 문화 이벤트를 다채롭게 개최하는 커뮤니티 역할을 하고 있다. 특히 페이스북을 통해 공지되는 베이킹 클래스를 추천하는데, 베이키드 조인트에서 판매되는 유기농 빵을 직접 만들어 볼 수 있어 공지가 뜨자마자 바로 마감된다. 이에 더해 현지인들과 특별한 저녁 식사를 할 수 있는 목요일 재즈 나이트, 금요일 무비 나이트도 추천한다. 목요일 베이키드 조인트의 대표 메뉴인 피자를 주문하면 재즈 나이트의 라이브 공연을 덤으로 즐길 수 있다. 이전의 베이키드 앤 와이어드가 엘비스, 유니콘 포르노 등 독특한 이름의 컵케이크와 깊은 맛의 커피를 여유롭게 마실 수 있는 공간이었다면, 베이키드 조인트는 맛깔진 음식과 공간이 주는 가치가 어우러져 특별한 시간과 공간을 선사한다.

430 K St NW, Washington, DC 20001, United States

스윙스 커피 Swing's Coffee Roasters

스윙스 커피는 워싱턴 디씨의 독립 로스터리이자 커피 전문점으로 1916년 마이클 에드워드 스윙 Michael Edward Swing 과 그의 아들 에드워드 스윙 Edward Swing 이 아프리카, 라틴 아메리카 등에서 생산되는 프리미엄 아라비카 원두를 수입하면서 시작됐다. 이후 에드워드 스윙은 커피의 맛의 일관성을 유지하고자 직접 테스트를 진행했고 스윙스 만의 맛인 '메스코 블렌드^{Mesco Blend}'를 만들고 특허까지 받았다. 그리고 1920년 커피 로스터리 메스코^{Mesco, M.E. Swing Co.}를 오픈한다.

1990년에 들어서는 지금의 버지니아 알렉산드리아로 이전하였으며, 카페, 커피 도매 사무소, 로스터리를 모두 합친 매장을 선보였다. 차가 없으면 방문하기 까다로운 위치에 있어 번거롭지만, 커피 볶는 향이 은은하게 풍기는 넓은 매장에 마호가니 앤티크 스타일의 원목 가구를 배치한 인테리어가 뿜어내는 고풍스러운 분위기는 그만한 가치가 있다. 그리고 개방되어 있는 로스터리는 때를 잘 맞춰 가면 커피 볶는 모습도 직접 볼 수 있어 찾는 재미를 더한다. 오랜 시간에 걸쳐 장인의 노력으로 이끌어 온 맛과 인기에 힘입어 커피 체인점으로 진출도 하고 있다. 스윙스 커피는 살짝 신맛이 나는 커피로 신맛을 좋아하지 않는 분들에게는 호불호가 있을 수 있다.

501 E Monroe Ave #1626, Alexandria, VA 22301, United States

슬기로운 학교생활

미국에서는 클래스 오브 ^{Class of}, 백 투 스쿨 ^{Back To School}, 땡큐 티처 ^{Thank you Teach-} ^{er} 등 학교와 관련된 스타벅스 기프트 카드도 출시되고 있다. 이렇게 보면 미국의 기념할 수 있고 축하의 의미를 담아 선물할 수 있는 날은 모두 기프트 카드가 출시된다고 해도 과언이 아닐 것이다. 클래스 오브는 졸업연도를 의미한다. 미국은 입학하는 해가 아니라 졸업 예상 해 ^{Class of}를 기준으로 학생을 분류한다. 예를 들어 2020년에 입학하면 클래스 오브는 2023으로 표기된다. 때문에 미국의 졸업 시기인 매년 5~6월에 출시되는 스타벅스 클래스 오브 카드에도 학사모와 함께 해당 연도가 큼지막하게 적혀 있어 졸업하는 학생들에게 선물하기 좋다.

  백 투 스쿨은 입학과 더불어 새 학년을 맞이하는 8월 말에서 9월 초에 출시된다. 미국과 캐나다, 유럽은 3월에 학년이 시작하는 한국과 달리 6월에 학년을 마치고 긴 여름 방학을 지나 노동절과 함께 새 학년을 시작한다. 7월 말부터 서점, 문구점뿐만 아니라 대형 마트 곳곳에서도 학생 대상 상품을 할인 판매한다. 스타벅스에서는 기프트 카드만 출시되며 카드에는 'BACK TO SCHOOL' 문구가 적혀 있다. 한국은 시기와 문화가 다른 관계로 클래스 오브나 백 투 스쿨 카드가 출시되지 않지만, 2019년에는 지혜와 지식^{Wisdom & Knowledge} 컬렉션으로 학교 근처에 위치한 스타벅스에서 기프트 카드, 필통, 가방, 텀블러 등이 출시되었다.

마지막으로 5월에는 선생님께 감사하는 마음을 담아 선생님의 날을 보낸다. 한국의 스승의 날과 같지만 3월에 학년을 시작해 2개월 만에 맞는 한국과 달리 미국은 8월 말에서 9월 초에 학년이 시작되는 만큼 6월에 학년이 끝나기 전 선생님과 이별하는 시기와 맞물려 맞이하는 선생님의 날이라 할 수 있다. 기프트 카드에는 'Thank you Teacher' 문구와 사과 하나가 그려져 있거나 사과 모양을 한 카드로 출시되기도 한다. 미국에서 사과는 남다른 의미가 있다. 1800년대, 교육 개편과 함께 모든 어린이는 학교 교육을 받아야 했지만 가정 형편이 어려워 학비를 내지 못하는 지역이나 가정이 있었고, 학교는 이러한 사정을 고려해 농작물과 교환해 학비를 받아줬다고 한다. 그중 가장 인기 있는 과일이 바로 사과였다. 이에 교육에 대한 대가로 주는 성의 표시하면 '사과'가 떠오를 정도로 전통이 되었고 이게 스타벅스 카드에까지 그려지게 되었다.

이탈리아
밀라노

스타벅스는 2001년 영국, 오스트리아, 스위스를 시작으로 18년 동안 유럽 50여 개국 중 28개국에 매장을 열었다. 하지만 유독 에스프레소의 고장이라 불리는 이탈리아만큼은 진출을 두려워했다. 그러다가 2018년 9월, 드디어 소문만 무성했던 이탈리아 스타벅스가 밀라노에 첫 선을 보였다. 이탈리아 스타벅스에 대한 소식은 2017년 오픈 준비를 하던 때부터 기사가 나올 때마다 주변 분들이 공유해 주는 링크를 통해 익히 알고 있었다. '스타벅스' 하면 가장 먼저 내가 떠오른다는 주변 분들 덕에 스타벅스 관련 선물도 많이 받았고 스타벅스에 대한 소식들도 비교적 빠르게 접할 수 있었다. 첫 번째 매장이 오픈하기 전까지 1년 7개월을 접한 이탈리아 소식은 문을 열기도 전에 출발해야 한다는 압박감을 심어주었다. 하지만 직장 생활을 하며 원하는 시기에 쉽게 휴가를 낼 수 없어 12월 말이 되어서야 이탈리아로 급작스럽게 향할 수 있었다.

일정에는 크리스마스 연휴까지 끼는 바람에 원하는 일정과 가격으로 항공권을 찾기 쉽지 않았고 직항이 아닌 경유를 선택할 수밖에 없었다. 인천 국제공항에서 러시아 항공을 타고 9시간 40분 비행, 3시간 50분 경유, 그리고 다시 4시간 비행을 한 후 도착한 밀라노는 한밤중이었다. 긴 비행으로 장장 27시간 동안 깨어 있었던 나는 공항 근처 호텔로 이동하자마자 따뜻한 물로 샤워를 한 후 곯아떨어져 다음 날 조식 시간이 끝날 때쯤에야 일어났다. 호텔 1층 라운지에 위치한 레스토랑에서 조식으로 몇 개 남지 않은 크루아상과 밀라노에서의 첫 에스프레소 한 잔을 마셨다. 호텔이 선택한 에스프레소 머신과 캡슐은 1933년 이탈리아 트리에스테^{Trieste} 지역에서 시작한 프란체스코 일리^{Francesco Illy, 1892-1956} 브랜드의 제품이었다. 쌉싸름한 에스프레소로 시작한 밀라노 여행은 5박 6일 동안 매일 스타벅스뿐만 아니라 동네 구석구석에 위치한 에스프레소 바와 함께하는 여정이었다.

진한 에스프레소 향을 풍기는 도시

이탈리아는 16세기 최대의 항구였던 베니스를 거쳐 원두가 수입되면서 자연스럽게 커피 역사가 시작되었다. 이후 1884년 토리노 출신 발명가 안젤로 모리온도 Angelo Moriondo, 1851-1914가 에스프레소 Espresso 추출에 편의를 더한 최초의 에스프레소 머신을 개발하면서 이탈리아의 에스프레소가 전 세계에 알려지게 되었다. 안젤라 모리온도의 에스프레소 머신이 대량으로 커피를 추출하는데 활용되었다면, 지금의 에스프레소 머신의 형태를 갖추게 된 것은 1901년 밀라노 출신 루이지 베제라 Luigi Bezzera에 의해서였다. 최근 콤팩트한 디자인으로 인테리어 소품으로도 활용되는 색색깔의 일리 커피 머신과 힙하다는 동네 카페 등에서 흔히 볼 수 있는 페마 Faema, 라마르조꼬 La Marzocco 커피 머신 또한 모두 이탈리아 브랜드이다.

에스프레소의 본고장으로 불리는 이탈리아는 오랜 시간 자신들만의 에스프레소를 소비하며 흥미로운 커피 문화를 형성했다. 우선 이탈리아의 '바 Bar'는 주류만 판매하는 곳을 뜻하지 않는다. 외형은 긴 테이블에서 바텐더가 손님을 상대하는 술집 같은 모습이지만, 카페 Caffè와 같이 커피와 티, 디저트를 주메뉴로 판매하지만 저녁 시간에만 주류도 판매하는 독특한 형태의 '에스프레소 바Espresso Bar'를 말한다. 덕분에 이탈리아에서 로컬 카페를 찾고자 한다면 구글 지도에서 카페보다 에스프레소 바를 검색하는 것이 유용하다. 오전에는 간단한 아침 식사와 베이커리, 오후에는 알코올 음료와 함께 아페리티보Aperitivo를 즐긴다. 아페리티보는 입맛을 돋우는 음식이라는 뜻의 이탈리아어로, 늦은 저녁을 먹는 이탈리아인의 식습관에 따라 오후 6시부터 9시까지 식사를 기다리는 동안 칵테일 한 잔, 또는 함께 곁들이는 간단한 음식을 말한다.

에스프레소를 일반적으로 커피라는 의미의 카페Caffè로 부르는 것도 독특하다. 물론 이탈리아에서는 에스프레소가 커피 음료의 기본이기 때문에 별도의 이름이 필요하지 않았을 수도 있다. 때문에 우스갯소리로 커피를 주문하는 단어로 현지인과 관광객을 구분할 수 있다고도 한다. 그도 그럴 것이 스타벅스가 있는 나라의 사람들은 미국식 커피 용어가 익숙해 이탈리아에서도 미국식 이름으로 주문을 하기 때문이다. 카페라테의 경우에도 이탈리아 에스프레소 바에서는 스타벅스와 다른 음료를 받을 수도 있다. 라테^{Latte}는 이탈리아어로 우유이기 때문에 카페(에스프레소)와 라테(우유)를 반반 넣거나 에스프레소와 우유를 각각 다른 잔에 담아 줄 것이기 때문이다.

마지막으로 유럽의 상점은 영업시간이 짧다는 고정관념과 달리 아침, 저녁 가리지 않고 커피를 즐기는 이탈리아인들의 특성에 따라 에스프레소 바는 심야까지 영업하는 경우가 더러 있다. 특히 늦은 시간까지 유동인구가 많은 오페라 하우스, 극장 등이 위치한 곳의 에스프레소 바는 대부분 오전 1시에서 2시까지도 영업을 한다. 때문에 늦은 시간까지 끼니를 때우지 못해 간단한 요깃거리와 음료 한 잔이 필요하거나 나 홀로 여행으로 술집 방문이 부담스럽다면 에스프레소 바는 좋은 선택지가 된다. 이 모든 건 경험에서 우러나온 에피소드인데 이탈리아에 온 김에 커피 문화는 모두 경험해 보겠다며 매일 아침부터 밤까지 에스프레소 바 여기저기를 돌아다니며 총 네 다섯 잔의 에스프레소와 아페리티보, 칵테일을 알차게 챙겨 먹었다. 다행히 한국에서는 에스프레소 두 잔이면 잠을 설치던 나도 여행 일정이 고단했는지 에스프레소를 아무리 마셔도 밤마다 잠만 잘 잤다.

밀라노의 에스프레소 바

커피에 대한 남다른 자부심이 있는 이탈리아 진출에 우려를 표하는 언론에 스타벅스 창업자 하워드 슐츠Howard Schultz는 이미 그의 저서 〈온워드Onward〉와 몇 차례 인터뷰를 통해 밝힌 적 있는 스타벅스 창업 이야기를 꺼냈다. '1983년 밀라노에 처음 방문했을 당시 몇몇 에스프레소 바에서 커피 한 잔에 바리스타와 고객이 격의 없는 대화를 나누는 모습에 매료되었고 이에 영감을 받아 스타벅스에 도입하려고 했다. 이런 시도는 돌고 돌아 지금에 도달했고 이제야 그 꿈에 가까워져 자신 있게 밀라노에 소개할 수 있게 되었다'라는 것이다. 이와 같이 밀라노 스타벅스 1호점인 스타벅스 리저브 로스터리는 하워드 슐츠가 30년 전 영감을 받은 에스프레소 바를 비롯 밀라노의 다양한 커피 문화를 융합하여 그동안 그가 꿈꿔왔던 스타벅스의 완전체를 선보인 것이다.

밀라노에는 에스프레소에 대한 명성만큼이나 다양한 스타일의 에스프레소 바들이 있다. 동네 곳곳에서 독립 상점으로 운영되는 곳들은 이른 아침부터 문을 열고 베이커리 및 브런치를 판매하거나 늦은 오후부터 새벽까지 문을 열며 칵테일을 주로 판매한다. 또한 브랜드에서 홍보 차원에 갤러리 겸 에스프레소 바를 운영하는 곳들도 있다. 하워드 슐츠가 경험했던 에스프레소 바도 이러한 형태 중 하나였을 것이다.

밀라노에 도착한 지 이틀째 되던 날 시내로 숙소를 옮기기 위해 울퉁불퉁한 돌길을 따라 캐리어를 끌고 다니다 보니 금세 배가 고파졌다. 끼니 때는 아니었지만 배를 채우기 위해 주변을 두리번거리다가 발견한 에스프레소 바는 구글 지도에도 없는 위 커피^We Coffee였다.

위 커피는 1601년 바로크 양식으로 세워진 세인트 알렉산더 Sant'Alessandro in Zebedia 성당을 바라보고 있는 곳으로 건물 코너에 자그맣게 마련되어 있었다. 매장에 들어서면서 구글 지도나 후기도 찾아볼 수 없는 곳이라 걱정이 되기도 했지만 밀라노라면 웬만한 로컬 카페도 커피 맛은 좋지 않을까 싶었는데 결론적으로 에스프레소뿐만 아니라 식사도 맛있었다. 위 커피는 아침, 점심, 저녁 식사 메뉴를 모두 달리해서 판매하고 있는데, 점심에는 일반적인 베이커리, 디저트 외에도 닭고기와 돼지고기 두 종류가 있다. 이것저것 물어보며 맛있는 음식을 추천받고 싶었지만 관광객이 드문 골목 안쪽에 위치한 로컬 카페라 영어로 대화를 할 수 없었다. 대신 이미 조리가 완료되어 진열된 닭고기와 돼지고기 요리를 눈으로 보고 선택할 수 있었다. 자리에 앉아 식사를 기다리니 식전 빵과 함께 식기를 예쁘게 세팅해 주는데 유럽답게 마실 물은 별도로 구입해야 하고 물티슈는 없었다. 캐리어를 끌고 온 손이라 개별 화장실이라도 찾았지만 작은 에스프레소 바에는 무엇 하나 갖춰져 있지 않았다. 그때 마침 입고 있던 조끼 주머니 속에서 한국 스타벅스 물티슈가 나오는 것이 아닌가. 덕분에 깨끗이 닦고 쫄깃한 식감의 담백한 식전 빵을 맛깔지게 손으로 찢어 먹을 수 있었다. 뒤이어 나온 메인 요리는 독일의 슈니첼과 비슷한 모습이지만 튀김 옷이 더 부드럽고 적당히 간이 들어가 있어 맛있었다. 그리고 마지막으로 밀라노의 65년 전통 카페 하디 Caffè Hardy 원두를 사용한 에스프레소 한 잔은 입안의 느끼함을 잡아 주어 완벽한 점심 식사를 선사해 주었다. 만약 다시 밀라노를 여행하게 된다면 이곳은 꼭 다시 찾아오고 싶은 곳이다.

CAFE LIST

파베Pavè

관광객들은 거의 방문하지 않는 레푸블리카 역에 위치한 에스프레소 바이다. 아침부터 저녁까지 인기가 좋아 항상 줄을 서야만 한다. 하지만 외관상으로 봤을 땐 건물 외벽에 낙서가 많아 폐 상가 같은 분위기에 꺼려지지만, 내부는 아늑한 구조로 되어 있어 안과 밖이 같은 곳인가 의구심이 들 정도이다. 덕분에 매장 안에 들어서면 언제 그랬냐는 듯이 포근한 느낌을 받을 수 있다. 복층 구조로 1층에는 오픈형 주방과 중앙에 다른 사람들과 공간을 공유하는 공동 테이블과 소파 테이블이 있고, 2층에는 2~4인이 도란 도란 앉을 수 있는 아담한 좌석이 몇 개 놓여 있다. 대표적인 메뉴로는 매장에서 직접 구운 케이크, 비스킷, 페이스트리, 시그니처 음료, 초콜릿 등이 있다. 그중에서도 시그니처 음료는 파베에서만 마실 수 있는 특별한 음료로 에스프레소를 이용해 다양하게 만들었다. 달달한 커피를 좋아해서 추천받아 주문한 시그니처 음료 마로끼노Marocchino는 탁월한 선택이었다. 파베는 밀라노에서만 만날 수 있는 독립 상점으로 직접 볶은 원두, 초콜릿, 자체 디자인 머그 등을 예쁘게 포장하여 판매하고 있어 여행 기념품으로 구입하기에도 좋다. 파베는 인기에 힘입어 밀라노 내에서 젤라또와 소르베 만을 파는 파베 아이스크림Pavè Ice cream, 간단한 아침 식사 등 퀄리티 좋은 간편식을 판매하는 파베 브릭Pavè-Break도 운영하고 있다.

Via Felice Casati, 24, 20124 Milano MI, Italy

10 꼬르소 꼬모 카페 10 Corso Como Café

1990년 밀라노 가라발디 Garibaldi 역 10 꼬르소 꼬모 10 Corso Como 주소지에서 처음 선을 보인 도심 속 비밀의 화원 콘셉트의 갤러리이다. 패션, 디자인, 라이프 스타일, 출판, 음악, 아티스트 등 다양한 브랜드와 인물이 소개되는 하나의 매거진 같은 곳으로 상점 및 서점, 정원 카페, 레스토랑으로 점차 확장

해 현재 호텔도 운영하고 있다. 10 꼬르소 꼬모는 밀라노를 거점으로 뉴욕, 상하이, 베이징, 서울 등 전 세계 다섯 개 도시에서 찾아볼 수 있으며 각각의 독특한 매력이 있지만 그중 밀라노가 으뜸이라 할 수 있다. 겹겹이 가려진 문 사이로 들어서면 정원에 위치한 카페가 나온다. 날이 좋은 여름에는 정원에 앉아 에스프레소를 비롯 브런치, 런치, 아페리티보 등을 즐길 수 있다. 대부분 카페가 최종 목적지라 하더라도 먼저 매장에 들러 유명 브랜드와 10 꼬르소 꼬모가 선별한 브랜드, 자체 상품 등을 둘러본 후 카페 또는 레스토랑으로 향한다.

Corso Como, 10, 20154 Milano MI, Italy

몰스킨 카페는 세계적인 노트 브랜드 몰스킨Moleskine에서 운영하는 카페 겸 문구점이자 복합문화 공간이다. 18세기 유럽의 문학 카페를 연상시키는 몰스킨 카페는 커피 스튜디오 세븐 그램Sevengrams과 제휴를 통해 품질 좋은 원두로 향 좋은 커피와 더불어 곁들여 먹기 좋은 베이커리 메뉴를 판매하고 있다. 에스프레소를 주문하면 몰스킨 로고가 프린트되어 있는 아기자기한 잔과 쟁반에 내어 준다. 매장은 복층 구조로 1층에는 몰스킨에서 출시되는 제품들을 벽면 가득 채워 판매하고, 2층에는 누군가 몰스킨에 그려 놓았을 법한 그림들이 액자에 전시되어 있다. 비어 있는 노트에 꿈을 채워 나가는 것처럼 창조적인 공간을 만들어 나가는 몰스킨 카페는 문학 카페로서 정기적으로 도서 간담회 등 다양한 이벤트도 개최하고 있다. 초창기에는 몰스킨을 알고 매거진 등에서 기사를 보고 온 관광객들이 주요 고객이었다면 지금은 현지인들의 정겨운 동네 카페로, 반려동물과 산책하다 야외 테이블에 앉아 커피를 즐기는 사람들, 책을 한가득 쌓아 놓고 여럿이 모여 과제하는 학생 등을 볼 수 있다.

Corso Garibaldi, 65, 20121 Milano MI, Italy

밀라노 스타벅스 리저브 로스터리

이탈리아 밀라노는 우여곡절이 많았던 도시였지만 매번 우뚝 일어섰다. 고대 로마의 식민지였고, 오스트리아 합스부르크 왕국의 지배를 받기도 하고, 제2차 세계 대전 당시에는 폭격으로 도시의 많은 부분이 소실되기도 한다. 하지만 매번 도시의 재건을 위해 힘쓰고, 인재 육성도 게을리하지 않았다. 덕분에 문화, 예술, 건축 분야에서 두각을 드러낸 인재들이 장인으로 거듭나면서 지금의 패션과 디자인의 도시로 경제 부흥을 이끌었다. 밀라노에서는 세계 3대 패션 위크 중 하나인 밀라노 패션 위크 International Fashion Week와 세계 디자인 산업을 이끄는 국제 가구 디자인 박람회 살로네 인테르 델 모바일 Salone Internazionale del Mobile 등이 열린다. 발길이 닿는 곳마다 재건의 흔적 대신 고풍스러우면서도 진취적인 디자인 도시의 매력을 느낄 수 있다.

여행하면서 가장 먼저 찾은 밀라노 두오모 대성당 Duomo di Milano과 비트리오 에마누엘레 2세 갤러리 Galleria Vittorio Emanuele II에는 크리스마스를 앞두고 아름다운 조명들이 빛을 내고 두오모 광장 Piazza Duomo에는 거대한 크리스마스 트리가 나를 반겼다. 크리스마스 분위기에 심취해 주변을 산책하던 중 두오모 광장에서 몇 발자국 떨어지지 않은 코두시오 광장 Piazza Cordusio에서 옛 중앙 우체

국 건물에 자리 잡은 밀라노 스타벅스 1호점을 발견했다. 곡선형으로 이루어진 독특한 건물은 1901년 이탈리아 건축가 루이기 브뤼기^{Luigi Broggi, 1851-1926}가 설계한 밀라노 절충주의 시대의 대표적인 건물로 외관 중앙에 우편을 뜻하는 포스테^{Poste} 간판이 기존 건물의 정체성을 알려주고 있었다. 그리고 건물 상단 테두리와 입구 쪽에 작은 글씨의 간판으로 미관을 해치지 않는 선에서 '스타벅스 리저브 로스터리^{Starbucks Reserve Roastery}' 임을 알 수 있도록 표기해 두었다. 스타벅스를 좋아하고 그 문화를 향유하는 사람으로서 도착하자마자 의도치 않게 산책을 하며 발견한 스타벅스가 밀라노에 감쪽같이 녹아들어 있는 모습을 보니 감격지지 않을 수 없었다.

최초의 에스프레소 머신에 대한 자부심을 가지고 있는 이탈리아와 미국식 커피 문화를 상징하는 스타벅스의 만남은 흥미진진한 볼거리가 아닐 수 없었다. 특히 유럽에서 순탄치 못한 시기를 보내고 있는 스타벅스가 이탈리아 밀라노에 스타벅스 1호점을 오픈한 것은 예상 밖의 일이었기 때문이다. 스타벅스는 커피 소비 시장 규모가 커지고 있는 중국에서의 투자를 위해 중국 이외 국가에서의 운영 조정이 불가피한 상황이다. 그렇기 때문에 운영 전반에 소요되는 비용을 줄이기 위해 미국 스타벅스를 모체로 한 직접 경영 방식에서 간접 경영 방식으로 변화를 꾀하고 있다. 오랜 사업 파트너이자 라틴 아메리카 전역의 스타벅스 매장을 운영하고 있는 기업 알시^{Alsea}에 유럽의 대표 시장인 네덜란드와 프랑스 운영권을 넘기고, 폴란드 기업 암레스트^{AmRest}에 독일, 체코, 헝가리 등 일부 유럽 스타벅스의 운영권을 넘기고 있다. 이런 상황에서 문을 연 이탈리아 스타벅스는 언론의 먹잇감이 되어 연일 비관적인 전망의 기사들이 터져나왔다.

이탈리아 밀라노의 첫 번째 매장인 스타벅스 리저브 로스터리는 스타벅스의 탄생지 미국 시애틀에서 처음 오픈했으며, 유럽에서는 밀라노를 통해 첫 선을 보인 프리미엄 매장이다. 압도적인 규모와 눈길을 사로잡는 인테리어, 고급 커피는 물론 커피의 역사를 볼 수 있는 코너, 마스터 로스터^{Master Roasters}가 직접 로스팅 하는 모습, 매일 구워지는 이탈리아의 프리미엄 베이커리 프린시^{Princi}의 빵, 이탈리아 전통 아페리티보를 선보이는 칵테일 바, 각 도시의 특징을 담아낸 콜라보레이션 상품 등 공간을 가득 채운 요소요소가 모두 스타벅스와 이탈리아 밀라노의 연결고리이다. 특히 이미 다른 글로벌 브랜드들과 손을 잡고 그들의 이탈리아 진출을 도운 바 있는 퍼가시 그룹^{Percassi}은 스타벅스와 2,322m^{2 약 700평}에 다다르는 매장을 이탈리아의 커피 역사, 문화 예술을 엿볼 수 있는 박물관으로 만들었다. 매장 초입에서부터 반겨주는 사이렌 동상^{La Nostra Sirena}은 1970년 이탈리아 출생 조각가 지오바니 바더리^{Giovanni Balderi}의 작품으로 전설 속 사이렌이 바다에서 유영하듯 꿈같은 시간을 보낼 수 있는 스타벅스 리저브 로스터리 밀라노를 형상화했다. 동상을 지나 육중한 문 옆을 지켜 서고 있는 보디가드와 눈 인사를 하고 매장에 들어서면 다음으로는 알록달록한 대리석 바닥이 눈에 들어온다. 팔라디아나^{Palladiana}라 불리는 대리석 바닥면은 밀라노 두오모 대성당을 모티브로 이탈리아에서 채석한 대리석 파편을 이용해 전통적인 기술로 제작되었다. 스타벅스 공식 유튜브로 제작 과정이 선공개 되어 매장 오픈 전부터 이미 팬들의 기대를 불러모았다. 그뿐만 아니라 오늘 매장에서 판매하고 있는 커피 품종을 표기하는 솔라리 보드^{Solari Board}는 1956년 세계적인 발명품이라 칭송 받았던 스플릿 플랫^{Split Flap}의 원조로 이탈리아 디스플레이 제조업체 솔라리^{Solari di Udine} 제품을 사용했다. 현 세대에게는 보기 힘든 제품으로 뉴트로^{New-tro} 감성을 자극하며 리저브 로스터리 전 지점에서 볼 수 있다. 또한 매장 한가운데 장엄하게 지키고 있는 녹색의 스콜라리 로스터^{Scolari Roaster}와 6.5미터 높이의 황동 캐스크도 이탈리아 업체에서 현지 재료로 만든 공예품이다. 거대한 로스터에서 로스팅 된 원두가 캐스크에서 쉼을 가지고 파이프를 통해 에스프레소 바까지 전달되는 모습은 진풍경이다. 덕분에 로스터와 캐스크 앞에는 너나 할 것 없이 핸드폰 카메라에 모습을 담아 SNS로 공유하는 모습을 볼 수 있다.

Starbucks Reserve Roastery Milano
Via Cordusio, 1, 20123 Milano MI, Italy

스타벅스에서 먹는 포카치아 피자

밀라노의 스타벅스 리저브 로스터리 매장에는 크게 리저브 커피를 주문하고 마실 수 있는 공간, 프리미엄 베이커리 프린시의 빵이 만들어지는 과정을 볼 수 있는 오픈형 주방과 판매하는 공간, 이탈리아 전통 아페리티보와 칵테일을 맛볼 수 있는 공간, 이곳에서만 선보이는 특별한 제품들을 구입할 수 있는 공간으로 나누어져 있다. 5박 6일 중 5일을 꼬박 이곳을 방문하며 각각의 공간을 둘러봤더니, 3일째 되는 날, 항상 30분 이상은 줄을 서야 들어갈 수 있을 정도로 사람들이 붐비는 리저브 코너에서 안내를 해주는 파트너가 나를 알아보기 시작했다. 덕분에 급작스럽게 떠나느라 일행도 없이 온 나 홀로 여행에서 시시콜콜한 이야기도 나눌 수 있었고 베이커리, 칵테일 등을 추천 받기도 했다. 뿐만 아니라 이탈리아 밀라노 스타벅스 1호점이 문을 열기 3개월 전부터 커피, 서비스 등에 대한 교육을 받았으며 이곳에서 일할 수 있어 자랑스럽다는 이야기도 들을 수 있었다. 나중에 그의 인스타그램에서 그간의 커피 교육과 서비스 연습, 그리고 스타벅스에 대한 진한 자부심도 느낄 수 있었다.

그가 추천한 메뉴는 리저브 커피와 프린시 베이커리의 조합이었다. 프린시는 1985년 로코 프린시 Rocco Princi가 밀라노에서 시작한 베이커리로 현지의 신선하고 좋은 재료를 이용한 레시피로 밀라노 최고의 베이커리 반열에 올랐으며 곧 밀라노 사람들의 자부심이 되었다. 프린시는 이탈리아 스타벅스뿐만 아니라 세계 전역에 있는 리저브 로스터리 매장의 베이커리 코너를 담당하고 있다. 원래 스타벅스는 동일한

원두, 동일한 보관 방법, 동일한 로스팅 규정 등에 따라 전 세계 동일한 커피 맛을 내지만, 함께 판매되는 베이커리는 현지 제휴 베이커리에 따라 각기 다른 맛을 낸다. 그래서 맛이 좋은 나라가 있는 반면 맛이 좋지 못한 나라도 있다. 하지만 리저브 로스터리 매장에서만큼은 프린시와의 제휴를 통해 전 세계에서 안정적으로 맛있는 빵을 먹을 수 있게 되었다. 또한 역으로 프린시 베이커리 단독 매장에서도 스타벅스 커피를 마실 수 있게 되었다.

프린시는 스타벅스에서도 프린시 매장과 똑같이 매일 빵과 시그니처 피자를 구울 수 있도록 석공 장인과 함께 석회암 화로를 짓고 대량의 오븐을 설치했다. 단순한 베이커리 뿐만 아니라 아침부터 저녁까지 새롭게 구워지는 빵과 포카치아 베이스의 시그니처 피자, 디저트가 곁들여지고, 현지인의 식습관에 맞춰 아침에는 그릭 요거트와 그래놀라, 페이스트리, 점심에는 샐러드, 구운 야채, 샌드위치 등도 판매한다. 사실 카페에서 간단한 식사를 즐기는 것은 스타벅스 덕분에 많이 익숙해졌지만 피자를 먹는 건 아직까지도 생소하다. 하지만 이탈리아 하면 빼놓을 수 없는 것이 피자이기 때문에 밀라노에서는 피자가 흔히 볼 수 있는 에스프레소 바의 기본 메뉴이다. 반대로 피자 전문점에서도 에스프레소를 비롯한 다양한 커피 메뉴를 만나 볼 수 있다. 실제 밀라노 정통 피자 체인점인 스폰티니^{Spontini}에서 앤초비 피자에 에스프레소 한 잔을 곁들여 먹는 모습을 종종 볼 수 있었다.

이탈리아 전통 아페리티보

"스타벅스에서 술도 판대! 알고 있었어?"

세계 곳곳을 여행하며 스타벅스를 방문하는 내가 최근 가장 많이 듣는 질문 중 하나이다. 밀라노 에스프레소 바는 낮에는 주로 커피를 판매하지만 저녁에는 이탈리아 전통 아페리티보와 칵테일을 주메뉴로 판매하는 경우가 대부분이다. 스타벅스는 이러한 문화를 접목해 리저브 로스터리 매장에서 아페리티보와 칵테일을 맛볼 수 있는 아리비아모 바^{Arriviamo Bar}를 선보였다. 아리비아모 바는 한쪽 벽면을 술로 장식하고 긴 대리석 테이블, 스툴을 배치해 영락없는 칵테일 바와 같다. 밀라노에서는 스타벅스 리저브 로스터리 2층에 단독 공간으로 마련되어 있으며 1층과 달리 공간이 넓지 않아 수용 인원을 한정하고 있다. 때문에 만석일 경우 계단에서 줄지어 기다려야 하는 수고스러움이 있지만 자리를 안내받아 앉는 순간부터 그동안 스타벅스에서 경험해 보지 못한 색다른 경험을 할 수 있다는 설렘으로 만족을 더하는 곳이 된다.

1층 공간의 파트너들과는 사뭇 다른 유니폼을 입고 있는 바텐더가 내민 메뉴판에는 이탈리아 전통 칵테일인 아페롤 스프리츠^{Aperol Spritz}, 네그로이^{Ne-}

groni부터 스타벅스 커피와 함께 선보이는 커피 칵테일까지 다양한 메뉴가 구성되어 있다. 또한 메뉴판에는 표기되어 있지 않지만 12~20유로 하는 칵테일 한 잔을 주문하면 이탈리아 전통 아페리티보가 무료로 제공된다. 아페리티보는 이탈리아에서 주류를 판매하는 에스프레소 바라면 저녁에는 으레 알코올 음료와 함께 무료로 제공하는 샐러드, 피자, 파스타, 또는 작은 뷔페 음식을 말한다. 아리비아모 바는 때에 따라 구성이 다르지만 주로 신선한 올리브와 치즈를 제공하고 오후 6시부터 9시 정도까지는 프린시 만의 시그니처 메뉴인 포카치아 피자 스틱을 종류별로 제공한다. 덕분에 나 홀로 연말 여행을 하며 분위기 있는 곳에서 칵테일 한 잔 즐기고 싶었지만 혼자이기에 고민되었던 요소들을 이곳에서는 이탈리아의 맛과 문화, 더불어 젠틀함에 청결함까지 갖춘 곳에서 즐거운 시간을 보낼 수 있었다.

다르면서도 같은 커피 문화

    이탈리아인들의 삶이 고스란히 반영되어 있는 커피 문화는 본디 스타벅스의 종주국과는 카페의 유형부터 커피의 종류, 용어 사용 등 대부분이 다르지만 커피를 거점으로 형성된 제3의 공간The Third Place 만큼은 비슷하다. 제3의 공간은 일상생활에서 집, 회사, 학교 등 주요 생활 환경 다음으로 조성된 사회적 환경으로 개인에 따라 카페, 교회, 도서관 등이 있다. 이탈리아에서는 에스프레소 바가 이에 속한다고 볼 수 있고, 스타벅스는 전 세계인의 제3의 공간을 목표로 하고 있다. 이는 하워드 슐츠가 지향하고 있는 이상적인 스타벅스가 1983년 경험한 밀라노의 에스프레소 바이기 때문일 것이다. 다만, 공간 역할은 톡톡히 해내고 있을지 몰라도 격의 없는 바리스타와 고객 간의 상호작용은 사이렌 오더가 대중화된 이후 소멸되고 있다. 몇 년 전까지만 해도 단골 매장에서는 닉네임과 자주 주문하는 음료 정도는 외우고 있는 파트너를 만날 수 있었다면 지금은 당시보다 매장 이용객이 늘어서인지 아니면 기본 매뉴얼이 변경되었는지 리저브 매장에서는 비슷한 경험을 할 수 있지만 일반 매장에서는 도통 그러한 경험을 하기 어려워졌다.

리저브 로스터리 매장과 함께 고급화 전략으로 시작한 이탈리아 스타벅스는 현지 고객의 지속적인 방문을 유도하기 위해 대중화 전략에도 힘을 쏟고 있다. 프린시 매장에 입점한 스타벅스 커피 외에도 밀라노에서 새롭게 주목받고 있는 구역 포르타 누오바^{Porta Nuova}, 비아 두리니^{Via Durini}에 순차적으로 매장을 오픈했다. 포르타 누오바는 디자인 거리라 불리며 다양한 디자인 숍들과 함께 유명한 복합 레스토랑 이탈리^{EATALY} 레스토랑, 디자인 콘셉트 스토어 겸 카페 10꼬르소 꼬모^{10 Corso Como}, 몰스킨^{Moleskine}의 카페 등이 위치한 곳이다. 비아 두리니는 과거 금융 구역이었으나 현재 재개발되고 있어 대형 쇼핑몰 등이 공사 중이다. 이곳 스타벅스는 이른 아침부터 늦은 저녁까지 문전성시를 이루고 있다. 특이하게도 앉아있는 1시간 동안 많은 사람들이 추운 겨울임에도 불구하고 이탈리아인에게 익숙하지 않은 프라푸치노 메뉴를 마시는 것을 볼 수 있었다. 그 외 밀라노 말펜사^{Milan Malpensa} 국제공항에도 매장을 열었으며, 밀라노 중앙역, 시티 라이프^{Citylife}를 비롯 로마, 토리노에도 진출할 예정이라고 한다. 덕분에 에스프레소의 시작점이자 자부심인 이탈리아에서 다르면서도 같은 스타벅스가 앞으로 어떠한 영향력을 펼쳐 나갈지 궁금하지 않을 수 없다. 훗날 다시 이탈리아를 방문했을 때에는 밀라노뿐만 아니라 곳곳에서 스타벅스를 볼 수 있지 않을까 싶다.

러시아
모스크바

평소 생각하고 싶지 않지만 생각해야 할 때, 하기 싫지만 해야만 하는 때 나 자신을 위해 '피할 수 없으면 즐기자!'를 되뇐다. 이탈리아 밀라노로 향하는 비행기를 예약할 시점에 아에로플로트 러시아 항공Aeroflot Russian Airlines이 가장 저렴했다. 초록색 창에 검색해보면 수하물 분실, 지연 등 악명 높은 러시아 항공이지만 학생 때 비교적 저렴한 유럽여행을 위해 직접 이용한 러시아 항공은 불편함이 없었다. 하지만 혹시 모르니 떠나기 전 여행자 보험에 항공기 및 수하물 지연 보상 부분을 확실히 챙겨 넣었다. 인천국제공항에서 모스크바 셰레메티예보 국제공항Международный Аэропорт으로 향하는 항공편은 비교적 말끔했지만 다시 밀라노 말펜사 국제공항Aeroporto di Milano-Malpensa으로 향하는 항공편은 조금 작고 낡아 아쉬움이 남았다. 하지만 밀라노 여행을 마치고 돌아오는 길은 레이오버로 모스크바를 여행할 생각에 조금의 불편함도 설렘으로 채워졌다.

예전의 모스크바가 아녜요

밀라노에서 다시 모스크바를 들려 인천으로 돌아갈 때 오전 5시부터 오후 9시까지 16시간의 레이오버^{Layover}를 선택했다. 레이오버의 가장 큰 장점은 경유지의 비자가 없어도 외출을 할 수 있다는 점인데 모스크바는 유럽으로 연결되는 항공편이 많은 만큼 레이오버 여행객들 또한 많아 공항 내 유료로 짐을 맡길 수 있는 곳이 잘 준비되어 있다. 비행기에서 내리자마자 짐을 맡기고 미리 바꿔둔 루블을 들고 밖으로 향했다. 나름 긴 레이오버를 즐기기 위해 티켓을 구입할 당시부터 모스크바에서의 짤막한 여행을 단단히 계획했다. 특히 러시아에서 가장 오래되고 전통적인 디자인 양식의 메트로 Московское метро를 타고 모스크바 주요 스타벅스 두 곳을 선별해 방문하는 것이 목표였다. 몇 년 전 처음으로 러시아를 방문했을 때 러시아어로 된 스타벅스 간판을 보고 너무나도 신기했던 적이 있다. 물론 어디를 가나 러시아어 간판뿐이니 당연할 수도 있지만 한국뿐만 아니라 일본, 대만 등 영어를 공용어로 사용하지 않는 나라에서도 영어로 '스타벅스 커피^{Starbucks Coffee}'라 표기하는 경우가 대부분이다 보니 더 신기하게 느껴졌던 듯하다. 그래서 모스크바에 온 김에 다시 러시아어로 된 스타벅스 간판도 보고 싶었고, 유아히어 컬렉션You Are Here Collection 모스크바 머그컵과 러시아 한정 스타벅스 기프트 카드도 구입할 수 있으면 좋겠다고 생각했다.

12월의 모스크바는 눈바람이 휘몰아치는 크리스마스 왕국 같지만 만반의 준비를 해서인지 다행히도 여행하는 동안 '춥다'라는 생각을 해보지 못했다. 다만 도심까지 공항버스를 타고 이동하기 위해 길에 세워진 정기권 발권기를 사용하려는데 강추위와 함께 몰아친 눈보라 때문인지 파묻혀 작동하지 않았다. 마침 다가오는 공항버스 운전기사에게 표정과 손짓으로 정기권을 설명하려다 실패하고 1회 사용권을 겨우 구입해 버스에 탑승했다. 그리고 공항버스가 가는 가장 가까운 메트로 역에서 내려 다시 정기권을 구입해 메트로 워킹 투어를 시작했다. 모스크바 메트로는 구소련(소비에트 사회주의 공화국연방) 최초의 지하철도 시스템으로 당시의 건축 및 디자인을 엿볼 수 있어 역을 투어하는 상품이 있을 정도로 관광 명소로 각광받고 있다. 유난히도 무표정한 러시아인들 사이로 시끄러운 굉음을 내는 메트로를 타고 도착한 첫 역은 볼쇼이 극장 ^{Большой театр}, 칼 막스 ^{Karl Marx} 동상, 붉은 광장 ^{Красная Площадь} 등 볼거리가 많은 테아트랄나야 ^{Театральная} 역이었다. 이곳은 아흐뜨늬 럇 ^{Охотный ряд} 역과 교차하는 곳으로 두 역 중 어느 곳을 선택해도 좋다.

   테아트랄나야 역과 아흐뜨늬 럇 역의 교차로는 명품들이 가득한 트베르스카야 거리 ^{Тверская улица}의 시작점으로 스타벅스는 고급 아파트 겸 호텔, 프리미엄 영화관, 명품 매장 등을 갖춘 종합 쇼핑몰에 위치해 있다. 처음 러시아를 방문했을 때의 기억이 남아있는 곳으로 오랜만에 찾아가는 매장은 설렘 가득했다. 그런데 역에서 나와 건물 앞에 도착했을 때 스타벅스 매장을 보고는 실망감을 감출 수 없었다. 어느새 러시아어로 된 간판은 온데간데없고 영어로 된 간판으로 변경되어 있었기 때문이다. 바로 다음 스타벅스를 확인하기 위해 이동할까 하다가 이른 새벽부터 분주하게 움직였던 터라 아늑한 곳에서 몸도 녹이고 배도 채울 겸 우선 매장 안으로 들어갔다. 여느 스타벅스와 마찬가지로 부드러운 노란 조명에 따뜻한 온도, 그리고 독서실 겸 도서관 같은 느낌을 자아내는 곳이다. 매장은 첫 번째 유리 문을 열자 천장 히터에서 따듯한 바람이 세차게 불고, 두 번째 유리 문을 열자 아늑한 내부 분위기가 바로 느껴졌다. 이는 외부와의 온도 차이를 줄이고 내부 온도를 적절히 유지하기 위한 구조이다. 겨울 왕국 러시아를 위한 대응은 이중문에서 끝이 아니다. 지점에 따라 다르지만 이곳에는 이중문 통로 쪽에 놓인 각각의 테이블 밑에는 모두 라디에이터가 놓여있다. 덕분에 몸을 정비하고 배를 채우는 동안 아늑함을 넘어 노곤노곤해졌다. 간판은 영어로 변경되었지만 메뉴판은 여전히 러시아어밖에 없고 점원들도 대부분 영어를 사용하지 않는다. 때문에 사전에 아메리카노의 러시아 발음인 '애미리끄나Американо', 뜨거운이라는 뜻의 '가라치горячий', 러시아 사전에는 없지만 매장에서 영문 톨 사이즈를 표기하는 'Толл' 등을 체크해서 방문해야 한다.

Старбакс
ул. Охотный Ряд, 2, Москва, 109012

낮에는 커피 밤에는 보드카

취재차 방문한 여의도 호텔 1층 바에서 인터뷰를 하고 있을 때 러시아인 네 명이 들어와 보드카 샷 한 잔씩을 주문했다. 1월 혹한의 날씨를 기록한 날 관광을 나가기 위해 에너지 드링크를 마시듯 각을 맞추어 빠르게 마시고 나가는 그 뒷모습이 강렬하게 남았다. 때문에 모스크바를 여행하다 보면 보드카를 마실 일도 많고, 보드카가 섞인 커피를 마시는 건 아닌가 생각했다. 하지만 러시아에서는 밤은 보드카, 낮에는 평범한 커피를 마신다. 18세기 초 러시아 제국의 왕 표트르 1세^{Пётр Великий, 1672-1725}는 18개월간 러시아 대표단과 함께 서유럽을 탐험하다 네덜란드에서 커피를 즐기게 되었고 러시아로 가져왔다. 그리고 1720년, 당시 러시아의 수도였던 상트 페테르부르크에 최초 커피 하우스가 문을 열었다. 상류층만을 위한 것이었던 커피는 러시아 혁명과 함께 주춤했지만, 1970년대부터 1990년대까지 집에서 내려 마시는 커피가 유행하면서 새 바람이 불기 시작했다. 현재는 모스크바와 상트 페테르부르크는 러시아에서 가장 많은 인구를 자랑하는 만큼 커피 소비 또한 가장 많으며 커피 하우스를 비롯한 프랜차이즈 카페들도 속속들이 자리 잡고 있다.

　모스크바는 비교적 뚜렷한 사계절을 가지고 있지만 긴 겨울이 매서운 만큼 따뜻하고 각성 효과가 있는 커피가 대중화되기 쉬웠다. 그런데도 어떠한 이유에서인지 커피 가격이 만만치가 않다. 일반적인 커피 하우스의 아메리카노 한 잔은 290~350루블 정도 하는데 한화 5천 4백 원 이상이다. 스타벅스 아메리카노는 240루블(4천 5백 원) 정도이다. 단, 러시아는 독특하게도 지역마다 스타벅스 커피 가격이 달라 웹사이트에 PDF 파일로 지역별 가격을 꼼꼼히 게재해 두었다. 모스크바, 셰레메티예보 국제공항을 비롯 인구 수와 별개로 상트 페테르부르크, 사마라, 크라스노다르, 소치 등 총 9개 도시에 매장이 있는데, 가장 비싼 커피는 모스크바의 셰레메티예보 국제공항 지점의 커피로 아메리카노 톨 사이즈 한 잔에 280루블(5천 2백 원), 가장 저렴한 커피는 모스크바 북동쪽 야로슬라블 지역의 지점으로 아메리카노 톨 사이즈 한 잔에 170루블(3천 2백 원)로 거의 두 배 가까운 편차가 있다. 이렇다 보니 스타벅스에서 커피 한 잔과 파이 하나 먹으면 레스토랑에서 식사 한 끼를 한 것과 같은 가격이 된다. 그럼에도 불구하고 메트로 워킹 투어를 하며 목표로 했던 매장 방문 외에도 목이 마르거나 군것질이 하고 싶을 때면 언어나 다른 불편한 점을 고려해 수시로 스타벅스를 찾게 됐다.

메트로를 타고 떠나는 시간 여행

모스크바 메트로는 1935년 구 소련의 사회주의 선전과 번영을 위해 꾸며져 각 역마다 당시의 이상과 역사를 엿볼 수 있다. 때문에 역에서 내릴 때마다 수많은 방을 가진 궁궐 내부를 둘러보듯 우아한 곡선의 천장, 휘황찬란한 샹들리에, 매끈한 대리석 기둥, 정교한 모자이크, 수려한 스테인드글라

스, 역동적인 동상 등의 아름다운 자태를 볼 수 있다. 또한 메트로는 체제 홍보를 위한 수단이자 교통수단으로써의 역할뿐만 아니라 방공호로 쓰일 수 있을 정도로 깊고 단단하게 지어졌다고 한다. 추운 겨울, 나 홀로 짤막하게 모스크바를 여행하기에는 메트로 워킹 투어가 최선의 선택이었고, 덕분에 시대를 넘나들듯 한 역 한 역 내려가며 주변을 구경할 수 있었다. 그리고 틈틈이 스타벅스와 크렘린 궁전Кремль, 붉은 광장Красная Площадь, 성 바실리 대성당Храм Василия Блаженного, 굼 백화점ГУМ 등을 방문했다. 사실 모두 한곳에 옹기종기 모여 있어 전체적으로 둘러보는 데에는 그리 오랜 시간이 걸리지 않아, 레이오버 시간의 3분의 1씩 메트로, 관광지, 스타벅스에 할애할 수 있었다.

스타벅스와 붉은 광장 주변을 둘러본 후 다시 메트로를 타기 전 몰에 위치한 화장실로 향했다. 모스크바 메트로에는 있는 것과 없는 것이 확연한데, 있는 것은 메트로 근처 몰 또는 시장이고 없는 것은 바로 화장실이다. 때문에 메트로를 타기 전 화장실 이용은 필수이다. 주로 유료로 깔끔한 화장실은 아니었지만 모스크바에서는 화장실 찾기가 쉽지 않아 이 정도도 감지덕지다. 다시 들어선 혁명광장^{Площадь Революции} 역은 구 소련의 건축가 알렉세이 두시킨^{Alexey Dushkin, 1904-1977}의 메트로 작품 중 하나이다. 독특하게도 주로 메트로와 철도 건물 위주로 작업을 했기 때문에 메트로에서 그의 작품을 종종 볼 수 있다. 1938년 세워진 혁명광장 역은 천장도 통로도 모두 아치형으로 중앙 홀에 계단이 있어 역을 이동하기 위해 다들 분주하게 오르락내리락한다. 붉은 대리석이 눈에 띄는 아치형 통로에는 당시의 학생, 군인, 운동선수 등을 모티브로 한 실물 크기의 청동 조각상 76개가 세워져 있다. 이 중 개, 닭 등 동물이 함께 있는 조각상들은 하나같이 번들번들한데 이는 동물을 만지면 그날 하루가 행운이 깃든다고 해 오고 가는 사람들이 만져서 그렇다고 한다. 이게 뭔 의미가 있나 싶으면서도 나 또한 으레 메트로를 타기 전 강아지의 입을 만졌다.

역에서 영어 안내 표기는 볼 수 없었지만 영어 안내 방송이 러시아어와 함께 나오고 있어 메트로를 타고 내리는 데 어려움이 없었다. 또한 영어 안내 방송을 놓치거나 잘 알아듣지 못하더라도 역마다 특색이 있으니 그 특징을 기억하면 잘못 내리거나 혼동할 일도 없었다. 쁘라스펙트 미라^{Проспект Мира}, 벨로루스카야^{Белоруссия} 등 대표적인 역에 내려 다양한 형태로 구현된 구 소련의 모습을 보고 마지막으로 모스크바 메트로에서 가장 아름답기로 꼽히는 콤소몰스카야^{Комсомольская} 역을 방문했다. 언제 봐도 아름다운 곳으로 역시 구 소련 건축가 알렉세이 시추세프^{Алексей Викторович Щусев, 1873-1949}의 작품이다. 그는 상트 페테르부르크행 야간열차가 있는 카잔스키^{Казанский вокзал} 역과 붉은 광장에 있는 독특한 모습의 레닌 묘^{Мавзолей Ленина} 또한 건축했다. 역에서 내리자마자 마주하게 되는 화사한 노란 배경에 바로크 양식의 천장 장식, 화려한 샹들리에가 이목을 끄는 가운데, 파벨 코린^{Павел Дмитриевич Корин, 1892-1967}이 기록한 스탈린^{Иосиф Виссарионович Сталин, 1878-1953}의 1941년 연설이 있다. 그리고 역 가장 안쪽에는 전체적인 분위기와 달리 심플한 레닌의 흉상이 놓여 있다. 메트로를 두 어 대 보내며 아름다운 역의 모습을 사진으로 남기고 있다 보니 카메라 또는 핸드폰으로 사진 찍는 사람 여럿과 눈이 마주쳤다. 지금은 프로파간다용은 아니지만 새로 역 계획을 세울 때에도 이전 역들의 예술적인 명맥을 잇기 위해 노력하고 있다.

모스크바의 마지막 종착지

다시 지상으로 올라와 찾아간 곳은 이번 여행의 마지막 목표인 역사적인 건물의 스타벅스이다. 스타벅스가 위치한 다호드니 돔^{Доходный Дом Страхового} Общества은 1902년에 완공된 아파트 겸 사무실 겸 상점인 좌우대칭의 건물로, 이곳 1층에 스타벅스가 들어서 있다. 혹시나 하는 기대가 있었지만 모스크바의 모든 스타벅스가 간판을 바꾼 듯, 이곳 또한 영어 간판으로 변경되어 있었다. 나중에 구글 지도를 확인해 보니 러시아 남부의 크라스노다르 ^{Краснодар} 지역만이 러시아어인 'Старбакс кофе'로 표기하고 있었다. 처음에는 모스크바가 러시아의 다른 도시들보다 비교적 영어 사용 빈도가 높아서인가 보다고 생각했는데, 과거 공산주의와 현대 자본주의가 뒤섞여 미국 등지에서 들여온 브랜드는 물론 명품 브랜드 등 모두 러시아어 대신 브랜드의 원어 표기를 따르기 시작한 것 같다.

다호드니 돔의 스타벅스의 간판은 영어로 변경되었지만 말끔한 현대식 외관과 달리 내부는 1900년대 옛 모습 그대로 남겨두었다. 특히 본디 하나의 상점이 아닌 두 개의 상점을 이어 만들어 한 쪽은 현대적 감성이 묻어나는 한편, 다른 한 곳은 과거의 모습이 고스란히 남아 있다. 덕분에 카운터가 있는 공간은 지극히 평범한 스타벅스 같지만 반대편 공간은 곳곳이 파이고 부서진 붉은 벽돌과 낡은 액자 프레임, 철제 샹들리에, 독특한 소품들이 모스크바의 오래된 독립 카페 분위기를 자아낸다. 하지만 분위기와 달리 이용객의 평균 연령대가 낮고 커피를 마시는 것 외에도 매장에서 책을 읽거나 노트북을 하거나 여럿이 토론하는 모습 등을 볼 수 있다. 짐작하건대 2014년 모스크바가 대대적으로 공공장소에서 금연을 선포하기 전부터 스타벅스는 몇 안 되는 금연 상점 중 하나였고, 이를 선호한 당시 젊은이들을 중심으로 스타벅스가 전파되었기 때문에 그렇게 형성된 고객층이 유지되면서 지금의 스타벅스 고객층을 만들었을 것이다.

다호드니 돔 스타벅스 매장은 흥미로운 볼거리가 많아 매장을 구석구석 둘러보는 즐거움이 있다. 카운터 옆 게시판에는 커피의 종류에 따라 들어가는 재료를 그림으로 그려놓기도 하고, 로스팅 단계에 맞는 원두의 품종과 원산지를 표기하는 등 커피에 대한 안내가 시각적으로 상세히 되어 있다. 얼핏 보면 앙증맞은 그림들이지만 커피를 주문하기 전에 커피에 대한 정확한 정보를 알 수 있다는 점에서 인상 깊다. 또한 모스크바뿐만 아니라 상트 페테르부르크에서 살 수 있는 초기 스타벅스 머그 시리즈, 러시아와 모스크바의 유아히어 컬렉션You Are Here Collection, 러시아의 상징으로 알려진 마트료시카 матрёшка 모양의 텀블러가 있어 구경도 하고 원하는 모스크바 유아히어 컬렉션을 구입하기도 했다. 마트료시카 모양의 텀블러는 러시아에서만 살 수 있는 텀블러로 기념품뿐만 아니라 선물로도 제격이다. 하지만 추운 겨울에도 들고 다니면 좋을 것 같은 디자인과는 달리 내부가 플라스틱으로 되어 있어 차가운 음료만 담을 수 있다. 비록 짧은 시간 모스크바를 여행하며 러시아어로 된 스타벅스 간판은 발견할 수 없었지만 모스크바를 대표하는 붉은 광장을 비롯 메트로, 그리고 특별한 스타벅스를 즐길 수 있어 좋은 추억 하나를 더 갖게 되었다.

Старбакс
ул. Кузнецкий Мост, 21, Москва, 107031

시티 머그

　전 세계에 매장을 두고 있는 스타벅스는 브랜드 이용객들과 수집가들을 위해 나라 불문 각 도시별 머그를 출시하고 있다. 주로 정식 명칭은 시리즈 머그^{Series Mug}라 붙지만 대체적으로 지역에 따라 출시되는 관계로 시티 머그 ^{City Mug}라고 부른다. 첫 번째 시리즈 머그는 1994년 인터내셔널 시리즈^{International Series}로 서울을 포함해 160여 개 도시에서 출시되었다. 인터내셔널 시리즈 머그는 동일한 크기, 동일한 디자인을 가지고 각 도시 이름의 영어 스펠링, 스타벅스 로고, 각 도시를 상징하는 일러스트를 새겨두었다. 심플하지만 스타벅스에서 처음 나온 브랜드 머그로 각 도시에 위치한 스타벅스에서만 살 수 있다는 특징 덕에 특별한 기념품이 되었다. 이후 2002년 스카이라인 시리즈^{Skyline Series}, 2006년 건축 시리즈^{Architecture Series}, 2008년 아이콘 시리즈^{Icon Series} 등이 있었다. 그리고 2013년 내가 모으기 시작한 유아히어 컬렉션^{You Are Here Collection, 일명 YAH}과 2018년 빈데어 시리즈^{Been There Series, 일명 BTS}가 출시되었다. 이외 한국 전통 시리즈와 일본 시리즈, 크리스마스 시즌 그린 & 골드 시리즈 등이 있다.

유아히어 컬렉션

유아히어 컬렉션은 2013년 런칭 당시 미국, 캐나다를 통틀어 89개가 나왔으며 이후 일부 국가 및 도시, 산, 호수 등이 추가되었다. 각 국가 및 도시의 특징을 아기자기한 픽토그램으로 나타낸 유아히어 컬렉션은 동일한 디자인으로 머그, 데이머그, 유리병, 텀블러 등의 종류가 있다. 직접 수집하고 있는 유아히어 컬렉션 머그는 414ml(14oz) 사이즈로 스타벅스 톨 사이즈(355ml)의 음료를 담아 마실 수 있다. 또한 별도의 포장 상자가 있어 부피가 꽤 되는 편이라 여행길에 항상 머그가 담긴 상자를 넣을 수 있을 정도의 자리를 마련해 둔다. 일반적으로 미국에서는 10.95달러, 영국은 17.90파운드, 러시아는 1600루블로 미국 외 지역에서 가장 비싸다. 물론 모두 세금이 포함되지 않은 가격으로 세금 포함 대략 한화로 계산하면 1만 7천 원에서부터 3만 3천 원 정도에 판매되고 있는 것이다. 역시나 구입은 시티 머그인 만큼 해당 지역 또는 해당 지역 인근 공항에 위치한 스타벅스에서만 한정적으로 구입할 수 있다. 때문에 새로운 시리즈의 제품이 나올 때쯤이면 이베이에 놀라운 가격으로 제품이 올라오는 것을 볼 수 있다. 이미 미국은 빈데어 시리즈가 2018년 출시되면서 유아히어 컬렉션 제작이 멈추었고 하나 둘 이베이에서 가격이 오르는 것을 확인할 수 있다.

　어릴 적부터 우표, 프로야구 스티커, 치토스 따조, 웨딩피치 카드, 외화, 플레이모빌, 소니엔젤 등 수집하는 걸 좋아했다. 지금까지 유지하고 있는 건 없지만 당시에는 수집함이 채워져가는 것을 보며 성취감을 느낀 듯싶다. 그리고 해외로 여행과 출장이 잦아지면서 다시 수집 거리를 찾아보기 시작했다. 처음에는 마그네틱, 오프너, 스노우볼, 골무 등을 고려하다가 스타벅스에서 발견한 시티 카드와 시티 머그로 마음을 굳혔다. 그렇게 미국 로스앤젤레스에서 구입한 유아히어 컬렉션은 수집의 시작을 알렸고 다음 시리즈가 나오기 전까지 빠르게 모아야 하는 목표도 세워주었다. 시티 카드는 매해 리뉴얼 되는 경우가 많지만 시티 머그는 그나마 리뉴얼 되는 시점이 긴 편이다. 물론 일본과 같이 예외적인 곳도 있다. 일본은 후지산을 배경으로 계절별로 변경하고 있어 수집에서는 제외했다. 사용보다는 수집 용도로 상자에 모셔두고 있는 시티 머그는 미국 캘리포니아, 로스앤젤레스, 버지니아, 워싱턴 디씨 등 미국 주와 도시가 주를 이루며 캐나다, 토론토, 영국, 런던, 파리, 밀라노, 모스크바, 홍콩, 대만, 일본 등 총 29개를 모았다. 시티 머그는 잘 아는 여행지의 경우 집에 돌아갈 즈음 구입하지만 잘 모르는 여행지의 경우에는 도착하자마자 가장 먼저 구입해 머그 속 랜드마크를 체크하고 여행해 보기도 한다. 최근에는 집에서 홈파티를 자주 하면서 친구들에게 사용할 나라의 머그를 선택하라고 하기도 한다.

빈데어 시리즈

유아히어 컬렉션에 이어 2018년 빈데어 시리즈가 출시되었다. 수집하는 입장에서 새로운 컬렉션 출시 소식은 기회일 수도 있지만 위기일 수도 있다. 한참 모으고 있는 와중에 제품 생산이 중단되면 컬렉션을 완성하는 데 어려움을 겪기 때문이다. 만약 다른 도시, 다른 콘셉트라면 양립할 가능성이 있지만 딱 맞아떨어지는 경우에는 기존 제품이 단종되는 건 당연한 수순이다. 그리고 이미 그 수순에 들어선 참이다. 유아히어 컬렉션이 정제되어 있는 아이콘 형태의 픽토그램이었다면, 빈데어 시리즈는 손 그림 느낌의 일러스트가 있다. 용량은 동일하지만 두께 차이가 있어 두 제품을 쌓아 올릴 수 없다. 또 패키지 디자인은 같지만 색상이 변경되었고, 가격도 12.95달러이다. 처음에는 유아히어 컬렉션과 함께 진열되어 있었으나 점차 빈데어 시리즈가 자리를 차지하고 있다. 얼마 전에는 미국, 캐나다, 나이아가라에 이어 멕시코 26개 도시에서도 빈데어 시리즈가 출시되어 북미 외에도 다른 국가 및 도시에서도 빈데어 시리즈가 나올 것임을 암시했다. 디즈니 테마파크에서도 유아히어 컬렉션을 저렴한 가격에 세일 판매한 후 새롭게 빈데어 시리즈를 선보이기도 했다.

　외관상 비슷한 듯 다른 유아히어 컬렉션과 빈데어 시리즈의 가장 큰 차이점은 그림체도 있지만 랜드마크이다. 유아히어 컬렉션의 워싱턴 디씨의 랜드마크는 미국 국기, 백악관, 벚꽃, 내셔널 몰의 워싱턴 모뉴먼트, 링컨 메모리얼, 조지타운, 시어도어 루즈벨트 다리 등 관광지를 담았다면, 빈데어 시리즈는 백악관, 벚꽃, 워싱턴 모뉴먼트, 링컨 메모리얼, 조지타운, 시어도어 루즈벨트 다리 외 독수리, 워싱턴 디씨 국기, 국회의사당, 연방 도시를 뜻하는 영어 스펠링 'The Federal City', 유니언 스테이션, 엉클 샘의 모자, 공화당과 민주당을 의미하는 로고 등, 현재의 이슈를 담은 듯한 인상이다. 빈데어 시리즈 중 콜로라도의 시티 머그는 오일 및 가스 사업을 연상시키는 드릴 및 굴착기 세 개를 그려 넣어 '오일과 가스는 콜로라도가 아니다 Oil and Gas is not Colorado' 표어와 함께 환경적인 문제로 해당 사업을 반대하는 시민들에게 비난의 대상이 되기도 했다. 그 때문인지 이번 멕시코에서 출시된 빈데어 시리즈는 멕시코 국립 인류학 연구소와 국립 미술 연구소의 승인을 받아 디자인했다고 한다.

미국
뉴욕

학창 시절 미국 드라마 〈프렌즈Friends〉, 〈섹스 앤 더 시티Sex and the City〉, 〈가십
걸Gossip Girl〉을 보며 뉴욕에 대한 로망을 키웠다. 365일 화려하게 빛나는 네
온 사인을 뒤로 생동감 넘치는 사람들이 세련됨을 무장하고 세계인의 트렌
드를 이끌어 나가는 모습이 나도 뉴욕으로 가면 수많은 드라마와 영화 속
의 주인공들처럼 될 수 있을 것만 같았다. 처음 뉴욕으로 향하는 14시간 동
안의 비행에서도 아이패드에 다운로드해 둔 〈가십걸〉을 무한 돌려보며 꿈
을 키웠다. 그렇게 도착한 뉴욕은 상상 이상이었고 그 이후로도 꾸준히 찾
는 여행지가 되었다.

드라마 속 꿈꾸던 뉴욕

　뉴욕을 한 번도 방문하지 않은 사람이라도 미국 드라마나 블록버스터 급 할리우드 영화를 즐겨 보는 사람이라면 한 번쯤은 뉴욕을 눈에 담아봤을 것이다. 진주 목걸이에 선글라스를 낀 오드리 헵번^{Audrey Hepburn, 1929-1993}이 57번 가 티파니 앤 코^{Tiffany & Co.} 쇼윈도를 그윽하니 바라보았던 영화 〈티파니에서 아침을^{Breakfast at Tiffany's, 1961}〉, 다리미를 닮았다 해서 이름 붙여진 플랫아이언 빌딩^{Flatiron Building}을 날아가던 스파이더맨의 영화 〈스파이더맨^{Spiderman, 2002}〉, 파리 개선문을 닮은 워싱턴 스퀘어 아치^{Washington Square Arch}로 드리우는 햇살이 아름다웠던 음악 영화 〈어거스트 러쉬^{August Rush, 2007}〉 뿐만 아니라 영화 〈어벤저스^{The Avengers, 2012}〉에서는 멤버들이 처음으로 뉴욕에 한데 모여 싸움을 하기도 하는 등 작품들 속 뉴욕은 수도 없이 많다. 구글에서 뉴욕에서 촬영한 영화 리스트를 검색해보면 셀 수 없이 많은 영화들과 함께 촬영지를 정리해둔 글들도 확인할 수 있다. 나 또한 뉴욕을 여행 초반에는 여행의 재미를 더하기 위해 드라마나 영화 속 장소를 인쇄해 현재의 모습과 교차해 보며 촬영하기도 하고 장면 속 주인공들의 포즈를 따라 해 보기도 했다.

　분주한 분위기와 끊임없이 변화하는 역동적인 도시를 좋아한다면 지루할
틈이 없는 뉴욕. 워싱턴 디씨에서 무료한 일상을 보내던 어느 날, 한국의 황
금 연휴를 맞이해 뉴욕으로 여행 온 전 직장 동료를 만나기 위해 당일 치기
로 뉴욕 여행을 떠났다. 예전에는 몇 달을 마음먹고 출발했던 뉴욕행이 이
제는 1년에 두어 번 휑하니 다녀올 수 있는 그런 곳이 되었음에도 식상하기
는커녕 나는 여전히 열광한다. 비좁은 2층 버스를 타고 4시간 30분을 달려
야 하는 일정이었지만 설렘 가득 새벽 5시부터 준비해 뉴욕으로 향하는 메
가버스에 몸을 실었다. 줄기차게 달리던 차량이 가다 서다를 반복할 쯤 드디
어 뉴욕에 도착했음을 직감하고 눈을 떴다. 뉴욕으로 들어서자마자 걸어서
10분도 안 되는 거리를 차량으로는 30분이 걸리는 것을 체감할 수 있다. 드
라마나 영화의 꽉 막힌 도로와 경적 소리는 100% 실화인 것이다. 메가버스
의 종착지인 뉴욕 주립 패션 전문학교 FIT 앞에서 반가운 동료를 만났다. 우

리 둘은 아무런 계획 없이 만났지만 심심할 틈이 없는 뉴욕이라 커피가 맛있는 카페와 서로 좋아하는 드라마 속 관광지들을 약속이나 한 듯 찾아다녔다.

우선 길 건너 카페에 가서 숨도 돌리고 모닝커피도 마신 후 출발한 곳은 그리니치 빌리지Greenwich Village에 위치한 드라마 〈프렌즈〉의 배경인 아파트와 〈섹스 앤 더 시티〉의 극중 캐리의 집이었다. 그리고 캐리와 미란다가 즐겨 먹었던 매그놀리아 베이커리Magnolia Bakery에서 바나나 푸딩을 사 먹었다. 이제는 너무 오래된 작품들이어서 지금 세대는 모를 법한 촬영지들이지만 그때 그 시절을 보낸 나이 또래들이 주변을 기웃거리는 모습을 볼 수 있었다. 덕분에 길을 헤매다가도 골목에서 북적이는 사람들을 발견하면 그곳이 바로 촬영지였다. 동료와 함께 여행을 한 건 이번이 처음이었지만 서로가 기억하는 드라마의 느낌을 공유하며 웃고 떠들다 보니 어느새 다시 워싱턴 디씨로 돌아가야 할 시간이 되었다. 그런데 떠날 때가 되어서야 알게 된 사실인데 하루만 빨리 왔더라면 소호Soho에서 열린 〈프렌즈〉 25주년 아파트 팝업스토어를 방문할 수 있었다는 것이다. 뉴욕이야 언제든 다시 방문하면 그만이지만 워싱턴 디씨에서 일정이 있어 뉴욕 일정을 미루고 미루다가 왔는데 하루가 늦어 큰 이벤트를 놓쳤다는 사실이 너무 아쉬웠다.

스타벅스 카드 속 뉴욕

뉴욕은 볼거리, 먹을거리, 즐길 거리가 많아 테마여행을 하기에 딱 좋다. 드라마나 영화 속 뉴욕의 발자취를 따라가거나 카페나 디저트 맛 여행 등 트렌드가 시작되는 뉴욕에서 그 처음을 즐길 수 있다. 또한 스타벅스에서 출시되는 시티 카드와 시티 머그 속 뉴욕의 랜드마크를 찾아다니는 여행도 즐겁다. 카드에는 뉴욕의 가장 큰 공원 센트럴 파크Central Park와 고층 빌딩이 어우러져 있는 맨해튼의 스카이라인, 맨해튼과 브루클린을 잇는 브루클린 다리Brooklyn Bridge, 자유를 상징하는 그리니치 빌리지 끝자락에 위치한 워싱턴 스퀘어 아치 등이 감각적으로 프린트되어 있다. 머그에는 이뿐만 아니라 프랑스가 미국에 선물한 오귀스트 바르톨디Frédéric Auguste Bartholdi와 구스타브 에펠Gustave Eiffel의 합작품 자유의 여신상Statue of Liberty National Monument, 뉴욕 고층 빌딩 전망대의 망원경, 스카이라인 속 월드 트레이드 센터One WTC와 크라이슬러 빌딩Chrysler Building, 그리고 별이 빛나는 밤 하늘 아래 옐로우 캡Yellow Cab이라 부르는 뉴욕 택시가 있다. 앨리스가 시계를 든 토끼를 따라 이상한 나라를 여행하듯 시티 카드와 시티 머그를 따라 여행하는 일은 색다른 재미가 있다.

카드와 머그 속에 있는 뉴욕을 따라 여행하다 보면 어느새 뉴욕에서 가

볼 만한 고전적인 곳은 모두 돌아보게 된다. 동일한 방법으로 필라델피아 Philadelphia 당일치기 여행에서도 시티 머그를 구입해 빼곡히 그려져 있는 랜드마크를 여행했다. 짧은 일정이었지만 단기 속성으로 필라델피아의 맛과 멋을 모두 즐긴 느낌이었다. 하지만 이러한 카드와 머그는 쉽게 구할 수 없다. 둘 다 불규칙적으로 출시되고 출시된 후에는 일정 기간만 판매되기 때문에 기간이 지나거나 그 이전에 품절되면 다시는 구할 수 없게 된다. 때문에 기간 이후 이베이에서 고가에 판매되는 모습도 볼 수 있다. 그래도 나는 나름 운이 좋아 비교적 손쉽게 득템했던 카드와 머그였지만 2017년에는 두 번 출시된 뉴욕 시티 카드 중 하나를 아무리 찾아도 찾을 수가 없었다. 뉴욕에 온 김에 득템하고 싶어 곳곳의 매장을 찾아보았지만 열 곳 이상 다니고 나니 시간도 늦었고 이번만큼은 포기해야겠다는 마음이 들었다. 다시 숙소에 들어가기 위해 우버를 부르고 배정받은 차량을 기다리는 동안 잠시 워싱턴 스퀘어 아치 근처 스타벅스에 들어갔다. 그런데 그곳에서 운명적으로 카드를 발견한 게 아닌가. 남들에게는 별일 아니겠지만 세계 곳곳을 여행하며 스타벅스를 방문하고 카드와 머그를 모으는 입장에서 여행을 아름답게 장식해 주는 선물과도 같았다.

뉴욕 스타벅스 리저브 로스터리

미국에서 가장 시끌벅적한 뉴욕 맨해튼에도 스타벅스 리저브 로스터리가 들어서 있다. 시애틀에 이어 네 번째 지점인 이곳은 1890년대 공장으로 지어져 1990년대 푸드홀 겸 쇼핑몰로 재개발된 뉴욕에서 손꼽히는 관광지 첼시 마켓Chelsea Market 끝자락 건물에 위치해 있다. 새로운 건물 지하 1층과 지상 1층, 복층을 사용하는 매장은 가운데를 뻥 뚫어 두어 다른 지점들에 비해 큰 편은 아니지만 탁 트인 구조로 답답함을 해소했다. 지점을 방문하기 전 앱스토어에서 스타벅스 리저브 로스터리 뉴욕Starbucks Reserve® Roastery New York을 다운로드하면 매장에 있는 동안 가상의 커피 나무를 심고 콩을 재배하고 굽고 식히는 과정을 거쳐 다양한 커피 추출 방법을 통해 커피가 만들어지는 과정을 상세히 탐구할 수 있다. 하지만 매장 안에서는 전용 앱으로 궁금증을 해결할 수 있음에도 불구하고 눈앞에 보이는 마스터 로스터나 바리스타들에게 물어보고 답변을 얻는 것이 더 생동감이 있어 앱은 매번 생각만 할 뿐 호기심에 딱 한 번 실행한 것이 전부이다. 언제나와 같이 첼시 마켓에 들러 조금은 비싸진 랍스터를 먹고, 짭조름한 입을 헹구기 위해 리저브 로스터리 매장으로 향했다. 2018년 문을 연 매장이지만 뉴욕의 영원한 핫플

레이스인 타임스퀘어의 디즈니 스토어^{Disney Store}, 엠앤엠즈 월드^{M&M's World}, 허쉬 초콜릿 월드^{Hershey's Chocolate World} 만큼은 아니더라도 관광객들의 다양한 언어가 뒤섞여 들려온다.

매장에 들어서자마자 가장 먼저 눈에 띄는 기프트 샵은 리저브 로스터리 한정 제품으로 뉴욕의 특색을 살린 제품, 손수 커피를 내릴 수 있는 도구 등을 판매하고 있다. 한정 제품 중에는 같은 규격에 리저브 로스터리가 위치한

도시를 상징하는 이미지, 타이포그래피 등을 넣어 이를 수집하기 위해 각 매장을 방문하는 사람들도 등장하고 있다. 나 또한 하나씩 모아서 액자에 넣을 요량으로 에코백을 선택해 수집하고 있다. 기프트 샵을 지나 계단을 내려가면 커피의 다양함을 느낄 수 있는 바Experience Bar가 등장한다. 매장 한가운데를 지키고 있어 1층에서도 훤히 내려다보이는 곳으로 다양한 양조 방법의 커피 기계가 있고, 바로 옆에는 커피를 볶고 식히는 마스터 로스터의 로스팅 공간이 있어 커피가 만들어지기 전과 후를 모두 살펴볼 수 있다. 마스터 로스터의 뒤편으로 보이는 구리 캐스크The Copper Cask는 그동안 다양한 지점을 다니며 구경한 덕에 더 이상 새로울 것이 없지만 뉴욕을 한 아름 품은 듯 둥글둥글 그 위용에 초입에서부터 어디를 가든 자꾸만 바라보게 된다. 지하 1층에서부터 복층 천장까지 맞닿아 있는 구리 캐스트에 연결되어 있는 파이프 다섯 개가 매장 구석구석 식힌 원두를 배달한다.

그 외 이탈리아 밀라노에서 영감을 받은 솔라리 보드Solari Board, 밀라노 전통 베이커리 프린시Princi, 밀라노 아페리티보를 차용한 아리비아모Arriviamo Bar 등이 이곳에도 있다. 이탈리아에서 개발된 솔라리 보드는 착착 착착 소리를 내며 한 장 한 장 넘겨 알파벳을 만들고, 환영하는 메시지와 함께 로스팅 중인 커피의 이름과 원산지를 표기한다. 커피와 먹기 좋은 베이커리는 이탈리아 프리미엄 베이커리 프린시와 함께했다. 스타벅스와 협업한 프린시는 전 세계 리저브 로스터리 매장뿐만 아니라 뉴욕과 도쿄에 개별 매장으로 진출해 스타벅스 커피와 함께 선보이고 있다. 마지막으로 아리비아모는 낮에는 커피를 밤에는 간단한 요기 거리인 아페리티보와 칵테일을 판매하는 곳으로 복층에 위치해 있다. 밀라노의 에스프레소 바를 그대로 옮겨와 프린시 베이커리의 피자와 마실 수 있는 커피를 넣은 스페셜 한 칵테일 등을 판매하

며 이색적인 분위기를 자아낸다. 비교적 높은 테이블과 스툴은 바텐더와 가깝게 대화하며 칵테일이 만들어지는 과정을 볼 수 있다. 금요일과 토요일은 오전 12시까지 영업하는 관계로 혼자 뉴욕 여행을 하면서 조용하고 깔끔하게 칵테일 한 잔 마시고 싶을 때 들르면 좋다.

Starbucks Reserve New York Roastery
76 9th Ave, New York, NY 10011, United States

CAFE LIST

랄프 커피 | Ralph's Coffee

기존의 10 꼬르소 꼬모[10 Corso Como], 메종 키츠네[Maison Kitsuné] 등 의류 브랜드 외에도 에르메스[Hermès], 펜디[Fendi], 티파니 앤 코[Tiffany & Co.] 등 명품 브랜드에서도 경험의 가치를 살린 매장 겸 카페를 오픈하기 시작했다. 의류, 잡화 매장과 함께 마련된 카페는 은은한 커피 향을 내며 쇼핑을 하지 않아도 커피 한 잔의 여유를 즐기기 위해 방문하는 브랜드의 랜드마크가 되고 있다. 덕분에 온라인 쇼핑 등으로 침체되었던 공간이 활성화되고, 잠재적인 고객을 이끄는 역할도 하고 있다. 이러한 흐름에 합류한 랄프 로렌[Ralph Lauren]은 1967년 미국에서 시작한 패션 회사로 액세서리, 향수, 홈 등으로 브랜드 범위를 확장하면서 라이프 스타일 브랜드로 거듭났다. 랄프 로렌의 카페 도전은 이번이 처음은 아니나 좀 더 체계적이고 공격적으로 확장하고 있어 주목할만하다. 현재 뉴욕 외에도 도쿄, 홍콩에 대대적으로 매장을 오픈했으며 파리, 런던, 상하이 등에서 팝업 스토어를 운영하고 있다. 덕분에 패션 위크 소식과 함께 곳곳에서 들려오는 랄프 커피 인증에 궁금함을 참지 못하고 뉴욕에 방문하면 꼭 들르고자 마음먹었다.

그리고 전 직장 동료와 뉴욕에서 선물을 사기 위해 레고 매장을 찾아다니다가 록펠러 센터[Rockefeller Center] 앞에 위치한 지점을 방문하면서 겸사 겸사 랄프 커피도 들르게 됐다. 플랫아이언 빌딩 인근에 위치한 랄프 로렌 의류 매장 겸 카페로 활용하는 지점과 달리 록펠러 센터 앞 랄프 커피는 헌터 그린[Hunter Green] 색상에 1943년 시트로엥[Citroën] 트럭을 활용한 간이 매장이었다. 정식 매장은 폴로 유니폼을 입은 직원들이 안내를 하며 대리석으로 된 테이블과 앤티크 비스트로 스타일의 의자가 특징인데, 간이 매장 또한 트럭을 활용해 공간은 협소하지만 당초 콘셉트에서 크게 벗어나지 않은 모습이었다. 트럭에는 랄프 로렌의 마스코트인 곰돌이 인형이 폴로 유니폼을 입고 운전석에 앉아 있고, 뒤쪽에는 커피, 베이커리와 랄프 커피의 한정 제품들이 판매되어 있었다. 한정 제품은 랄프 로렌 자체에 홈 브랜드가 있어서 그런지 에스프레소 컵, 커피잔, 머그 외에도 잼을 넣는 병, 비스킷 상자, 타원형 접시, 케이크 접시, 노트, 필통, 파우치, 토트백 등 구성도 알차고 디자인도 예쁘다.

랄프 커피의 커피는 1994년 필라델피아에서 시작한 스페셜티 카페 라 콜롬비^{La Colombe}와 협업했다. 라 콜롬비는 커피의 맛과 캔 커피 제조 기술로 필라델피아, 뉴욕, 워싱턴 디씨, 보스턴, 시카고 등 16개 도시에 카페를 운영하고 있으며 레스토랑, 카페 등에 커피를 납품하고 있다. 랄프 커피와는 합심

해 라틴 아메리카와 아프리카의 유기농 콩으로 만든 에스프레소, 우유와 설탕이 들어간 라떼, 과일과 꿀 등이 들어간 티, 시그니처 커피가 들어간 핫 초콜릿 등을 선보이고 있다. 베이커리는 직접 만들어 조달한 수제 쿠키, 브라우니, 크랜베리 허니 머핀 등을 판매한다. 브랜드에서 만든 카페로 그럴듯하게 흉내만 냈을 줄 알았는데, 티의 맛뿐만 아니라 브랜드의 이야기가 녹아들어가 있는 톤 앤 매너와 제품들을 선보이고 있어 무엇 하나 탐이 나지 않는 게 없다.

45 Rockefeller Plaza, New York, NY 10111, United States

마망 Maman

마망은 뉴욕에서 프랑스 감성을 맛볼 수 있는 곳으로 남프랑스의 분위기를 고스란히 담아 2014년 소호에 문을 연 카페 겸 레스토랑이다. 엄마를 뜻하는 프랑스어 '마망'이라는 이름에 걸맞게 메뉴는 품질 좋은 현지 식재료로 만든 전통 프랑스 가정식 레시피로 부모님이 차려주시는 밥상같이 구성되어 있다. 이른 아침부터 제공되는 샐러드와 수프, 베이커리, 그 외 브런치와 샌드위치, 디저트 등 다양하다. 특히 샐러드와 베이커리, 디저트 메뉴는 일품으로, 마망에서만 맛볼 수 있는 메뉴들도 있으니 꼭 한번 맛보기를 추천한다. 특히 단 베이커리 메뉴를 좋아하는 입맛이라면 어떤 걸 선택해도 후회가 없다.

　　카페에 들어서자마자 마주하게 되는 푸른빛의 인테리어 디테일은 감탄을 자아낸다. 부드럽게 풍겨져 나오는 커피 향과 달콤하게 유혹하는 디저트의 비주얼은 마망의 자랑이기도 하다. 또한 한쪽 벽면을 채운 하얗고 파란 책, 신문, 편지, 드라이플라워, 꽃병 등의 소품은 마망에서 주문한 음식과 함께 데코레이션 하고 촬영하기 좋다. 원하는 소품을 원하는 스타일로 배치한 후 촬영하고 나면 마치 스튜디오에 온 듯한 착각을 불러일으킨다. 덕분에 각양각색의 사진이 인스타그램을 통해 전파되고 빠르게 마망을 알리는 데에도 한몫했다. 뉴욕에서 눈으로 즐기고 맛으로 즐기는 프랑스 감성 마망은 맨해튼, 브루클린, 토론토 등으로 매장을 확장하고 있다.

마망 Maman
205 Hudson St, New York, NY 10013, United States

뉴욕에서 카페를 방문하고자 추천을 받았을 때 가장 많은 사람들이 버치 커피와 버라이어티 커피 로스터 Variety Coffee Roasters, 스텀프타운 커피 로스터 Stumptown Coffee Roasters를 추천했다. 2008년 브루클린에서 시작한 버라이어티 커피 로스터, 2009년 뉴욕 에이스 호텔 The Ace Hotel과 함께 주목받은 스텀프타운 커피 로스터, 그리고 세 곳의 카페 중 가장 마음에 들었던 버치 커피는 지역을 기반으로 한 커피 로스터이자 체인으로 세계 각지에서 산 커피 콩을 롱 아일랜드 시티 Long Island City 작업실에서 굽고 카페의 커피로 소진하는 것뿐만 아니라 소비자의 문 앞까지 배달해 주는 서비스도 하고 있다. 원두 판매 시 재배한 지역의 고도를 표

기하는 버치 커피는 지역, 계절, 수확 시기에 따라 콩의 상태가 다르지만 동일한 품질을 유지하기 위해 노력하고 있고 인정받고 있다.

지역을 기반으로 한 체인답게 지역 사회에 일조하며 '버치는 너를 사랑해 Birch Loves You' 슬로건과 함께 버치의 바리스타와 커피를 소비하는 사람들의 이야기에도 주목하고 있다. 그들의 이야기는 버치 커피 공식 인스타그램을 통해 공유되며 브랜드 이미지를 만들어나간다.

21 E 27th St, New York, NY 10016, United States

기프트 카드

한국에 부모님의 은혜를 기리는 어버이날이 있다면, 미국, 유럽 등지에는 아버지의 날Father's day과 어머니의 날Mother's day이 각각 있다. 아버지의 날과 어머니의 날은 유럽 가톨릭 국가에 뿌리를 두고 있으며, 감사를 전하는 대상은 부모님 외에도 할아버지, 할머니, 시부모, 친정 부모, 남녀 친척까지 모두 포함될 수 있다. 미국에서는 아버지의 날은 6월 셋째 주 일요일, 어머니의 날은 5월 둘째 주 일요일로 20세기 초에 채택되었으며, 상업적인 목적에서 널리 퍼졌다. 처음에는 의류, 액세서리, 주방 용품, 스포츠 용품 등이 선물로 오가기도 했지만, 현재는 가족 전통에 따라 조촐한 파티를 열거나 꽃과 감사의 카드, 간편한 기프트 카드Gift Card를 전하기도 한다. 기프트 카드는 항공사, 호텔, 영화관, 마트, 앱 서비스 등 그 종류도 다양하며 매년 아버지의 날과 어머니의 날을 맞이해 제작되는 특별한 디자인의 스타벅스 카드가 선물로 활용되기도 한다.

기프트 카드는 상품권 대용의 선불식 충전 카드로 1994년 미국 고급 백화점 니먼 마커스Neiman Marcus에서 첫 선을 보인 이래 결제 시스템의 개발과 함께 상용화되었다. 카드 자체로는 아무런 가치가 없지만 원하는 금액을 적립하여 현금처럼 사용할 수 있으며, 신용카드와 달리 이름이 아닌 번호를 인식해 따로 회원가입을 하지 않아도 잔액을 모두 소진할 때까지 자유롭게 사용할 수 있다. 또한 신용카드와 크기, 모양, 재질, 뒷면의 마그네틱 등이 같아 휴대가 간편하고 사용이 편리하다. 미국에서는 대형 온·오프라인 상점뿐만 아니라 동네 주민들을 대상으로 영업하는 독립 상점에서도 기프트 카드를 사용한다. 한국에서는 스타벅스를 시작으로 커피빈, 할리스커피 등 카페에서 기프트 카드를 볼 수 있으며, 백화점, 면세점, 서점, 영화관, 레스토랑 등 종이 상품권을 사용하던 업체들도 점차 기프트 카드로 바꾸기 시작했다.

기프트 카드는 선물을 받는 당사자가 직접 원하는 선물을 선택할 수 있다는 이점이 있다. 마케팅 관점에서는 기존 소비자를 다시 상점으로 유인하거나 새로운 소비자에게 닿을 수 있도록 전파의 용도로 활용되고 있다. 종류가 다양한 만큼 미국에서는 생일, 크리스마스 선물 외에도 입학식과 졸업식 등 특별한 날 가볍게 선물하는 용도로 사용되고 있다. 스타벅스의 기프트 카드는 미국뿐만 아니라 세계 각국에서 기념일 등에 맞추어 새로운 디자인으로 출시되고 있어 선물 용도 외에도 회원을 위한 리워드, 개인 수집 용도 등 브랜드의 로열티를 높이는 데 활용되고 있다.

@kasiqjungwoo

홍콩

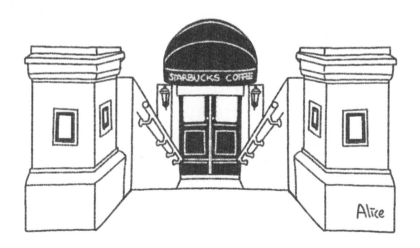

홍콩은 도시의 풍경뿐만 아니라 언어, 정치, 경제, 사회, 문화 등 다방면으로 동서양의 조화를 이루고 있는 독특한 곳이다. 그도 그럴 것이 홍콩은 중국 본토에서 떨어져 나와 100여 년 동안 영국의 일부인 브리티시 홍콩^{British} Dependent Territory of the United Kingdom, British Hong Kong으로 있었기 때문이다. 1839년 발발한 청나라와 영국과의 아편전쟁에서 1842년 청나라가 패배하며 영국과 난징 조약을 체결했다. 난징 조약은 불평등 조약으로 영국에 홍콩을 할양한다는 항목이 있었다. 이에 홍콩은 1997년 중국에 반환되기까지 영국의 식민지로 아시아 태평양 지역의 해양을 연결하며 세계적인 무역, 금융의 허브로 경제가 급속도로 발전했다. 또한 무수한 서양 문물을 흡수하며 근대화를 성공적으로 이뤄내 중국 본토와 달리 동서양의 조화를 이룬 번영을 이룩했다.

느와르 영화 속 홍콩

    홍콩의 영화 산업은 1970년대부터 1990년대까지 시대를 풍미하며 중국 반환을 앞두고 전성기를 맞는다. 비교적 자유분방한 체제 속에서 선이 고운 동양의 미를 서양에 알리는 매개체 역할을 함과 동시에, 동서양의 교육과 문화를 함께 습득한 감독과 배우들의 완급 조절이 두각을 나타냈기 때문이다. 홍콩은 나에게 하나의 영화 세트장 같은 느낌이다. 유년 시절 홍콩 영화를 좋아했던 부모님의 영향으로 성룡, 주윤발, 임청하 등 내로라하는 홍콩 배우들의 영화를 즐기며 나만의 홍콩 이미지를 만들어 나갔다. 당시 홍콩 영화를 향한 아버지의 사랑은 동네 비디오 가게에서 끝나지 않았다. 온 가족을 대동하고 분당에서 동대문에 위치한 비디오 상가까지 가서 홍콩 영화 비디오 테이프를 구입하고 저녁에는 구입해 온 비디오를 끝까지 돌려보는 열정으로까지 빛났다. 물론 나는 어린이용 애니메이션 비디오 테이프를 선물 받았지만 내가 받은 선물보다 그곳에서 눈을 빛내며 취미 생활을 하던 아버지가 더 기억에 남는다. 집에서 수시로 돌려본 비디오 테이프와 명절마다 찾아오는 친척마냥 특선영화를 통해 본 영화 속 홍콩은 너무나도 익숙해진 나머지 어린 나이에 제2의 고향 같다는 엉뚱한 상상을 불러일으키기도 했다. 그래서인지 홍콩을 처음 방문했을 때 어딘지 모르게 낯설지 않은 그 느낌이 좋았다.

지금은 할리우드 영화에서나 간간이 미래 도시 속 모습으로 그려지지만 홍콩 영화 전성기에는 수많은 영화들이 홍콩을 넘어 전 세계로 수출되었고 할리우드, 인도 다음으로 세 번째 큰 영화 산업 격전지였다. 감독, 주연 모두 성룡으로, 홍콩 경찰청 특수기동대를 주제로 유쾌하고 통쾌한 액션을 담아낸 독보적인 영화 〈폴리스 스토리警察故事續, 1985〉, 트렌치코트를 입고 쌍권총을 쏘던 주윤발이 인상 깊은 〈영웅본색英雄本色, 1986〉, 중국 청나라의 부패와 위협적인 서양 세력에 대적하는 영웅을 그린 〈황비홍黃飛鴻, 1991〉, 홍콩 반환에 대한 불안한 심리가 반영되어 진한 여운이 남는 홍콩 연인들의 이야기 〈중경상림重慶森林, 1994〉과 〈첨밀밀甛蜜蜜, 1996〉 등이 지금까지도 기억에 남는 홍콩 영화들이다. 이제는 내용까지 세세하게 기억나지 않지만 여전히 전체적인 콘셉트나 분위기는 뇌리에 남아 영화 속 홍콩을 떠올리게 한다. 그리고 그때 그 시절 홍콩 영화에 주로 나온 가죽 점퍼와 항공 점퍼를 즐겨 입었던 아버지의 젊은 모습도 함께 떠오른다.

시작은 부모님에 의해서였지만 나 또한 몇 년간은 홍콩 영화에 푹 빠져 살았다. 당시 보기 드물었던 진취적인 여성상과 여자들의 우정을 그린 〈동방삼협東方三俠, 1992〉은 비디오 테이프 대여일이 끝나면 연장하고 또 연장해서 한 달여 기간 동안 질릴 때까지 하교 후 집에만 오면 돌리고 또 돌려 보았던 적도 있다. 또한 배우 임청하가 무술이 가장 뛰어난 협객으로 그려진 〈동방불패東方不敗, 1992〉, 〈신용문객잔新龍門客棧, 1992〉 영화 속 모습을 우상으로 여겨 직접 책받침을 만들어 사용하기도 했다. 하지만 1990년대 후반 힘을 잃기 시작한 홍콩 영화는 점차 역사 속으로 사라졌다. 여행지 속 홍콩은 제3자가 체감하기에 그때와 지금이 크게 다르지 않지만 내외적으로는 크고 작은 변화를 겪었다. 한 세기 동안 자본주의 체제에 있었던 만큼 정반대의 성격인 중국의 사회주의 체제로 돌입하기 전, 중국은 50년 동안 홍콩의 자본주의와 경제 제도, 생활방식 등을 유지할 수 있도록 일국 양제(하나의 국가, 두 개의 체제)를 허용했다. 그런 혼란 속에서 홍콩은 회생하기 위해 심기일전이지만 쉽사리 영광의 순간은 다시 돌아오지 않고 있다.

뉴트로 감성을 입은 홍콩

복고를 새로운 것으로 받아들이는 세대에 따라 뉴트로^{New-tro} 열풍이 불었다. 1980년대 생에게 홍콩 느와르 영화의 전성기가 추억이라면, 1990년대 생에게는 오래되었지만 새로운 것이 된 것이다. 홍콩은 동양과 서양, 과거와 현재가 융합되어 도시 곳곳이 뉴트로 감성을 입었다. 홍콩에 도착하면 가장

먼저 방문하는 카우룽九龍, Kowloon의 미도 카페美都餐室, Mido Cafe는 유덕화의 단골집이라는 타이틀을 달고 있지만, 몇 차례 방문을 하면서도 아직까지 그를 보았거나 그를 보았다는 경험담은 듣지 못한 믿거나 말거나이다.

대신 유덕화가 세계적인 영화배우로 발돋움하며 출연했던 홍콩 느와르 영화 속 느낌을 고스란히 담고 있어 그 감성 그대로 느끼고 싶을 때 미도 카페를 찾는다. 미도 카페는 홍콩 특유의 고층 건물 1~2층에 자리 잡은 레스토랑 겸 카페로 홍콩인들의 식사를 책임지는 동시에 세계 곳곳에서 방문하는 관광객들로 문전성시를 이룬다. 보통 카페라 함은 디저트와 커피를 파는 곳이지만 미도 카페는 수프, 스파게티, 커틀릿, 커리 밥 등 식사 메뉴가 주를 이룬다. 그래서인지 식사 시간대에는 관광객보다 홍콩 현지인들이 더 많은 편이다. 관광객들은 식사 시간 전후로 방문하기 때문에 사진이 예쁘게 나오는 2층 창가 자리는 현지인과 관광객을 모두 고려해 이른 시간 또는 어정쩡한 식사 시간을 제외하면 앉기 어렵다.

매장 분위기는 영락없는 동네 식당 같다. 알록달록한 오래된 타일이 벽과 기둥, 계단, 바닥 면을 가득 채웠는데 절묘하게도 모든 패턴이 달라 카메라 앵글마다 다른 분위기를 자아낸다. 우직하게 낡고 오래된 타일은 미도 카페가 문을 열었던 1950년대를 상징한다. 당시 타일이 비용도 저렴하고 맵시를 내기도 쉽고, 음식으로 오염되는 주방이나 식당에서 유지 관리가 편리한 소재로 사용되었다. 그런데 그러한 모습이 이제는 새로운 것으로 받아들여지고 힙한 곳이 되어 또 하나의 관광 명소가 된 것이다. 덕분에 관광객들이 많아져 한 명당 25 홍콩 달러 이상을 주문해야 하며, 주문 한 후에는 자리를 옮길 수 없게 되었다. 그 정도면 미도 커피에서는 밀크티 한 잔을 마실 수 있다. 관광객들은 주로 프렌치 토스트와 밀크티 한 잔을 주문하는데 이는 인스

타그램 속 인증 사진을 보고 방문하는 사람들이 동일한 메뉴를 주문하기 때문이다. 그렇다 보니 인스타그램에서 해시태그 #midocafe를 검색하면 오고 가는 사람들의 인증이 돌고 돌아 온통 프렌치 토스트와 밀크티 사진들뿐이다. 현지인들이 식사를 하기 위해 방문하는 식당인 만큼 디저트와 음료에 대한 의구심이 들지만, 사실 미도 카페의 밀크티는 정통 홍콩 스타일로 홍콩의 카페 문화를 제대로 즐길 수 있다.

Mido Cafe
63 Temple St, Yau Ma Tei, Hong Kong

    1841년 아편전쟁 막바지 영국 함대가 닻을 내리고 영국 국기를 게양한 포제션 거리^{Possession St., 水坑口街}는 19세기 말 매춘업이 성행한 곳이었지만 식민지의 시작과 함께 길이 닦이고 주택이 건설되면서 센트럴^{Central, 中環}을 중심으로 할리우드 로드^{Hollywood Rd}, 캐인 로드^{Caine Rd}, 퀸즈 로드^{Queen's Rd} 등이 형성됐다. 거리는 영어 이름으로 변경되고 곳곳에 서양식 건물이 지어지는 와중에 중국으로 돌아가지 못한 사람들을 이주시켜 작은 골목 사이사이 사찰, 중국식 상점 등 홍콩 안에 또 다른 중국이 형성된 독특한 거리가 되었다. 특히 타이핑샨 거리^{Tai Ping Shan St, 太平山街}는 그때 당시의 문화 유적은 물론 근현대사를 간직한 사찰과 상점, 예술가의 갤러리 등 옛 정취를 느낄 수 있는 홍콩의 축소판으로 홍콩 여행을 처음 하는 분들에게 적극 추천하는 곳이기도 하다. 그리고 이곳에서 근대의 홍콩 카페와 현대식 옷을 입은 스타벅스를 발견할 수 있다.

영국 식민지 시절 설치된 네 개의 가스 램프가 지금도 남아 있어 문화 유적지가 된 두들 거리 계단^{Duddell Street Steps and Gas Lamps, 都爹利街石階及煤氣燈} 중간에 스타벅스 매장이 위치해있다. 두들 거리 뒷골목에 다소 뜬금없이 스타벅스가 등장하지만 골목길이 많은 홍콩에서는 이렇듯 의외의 곳에 숨겨진 장소가 부지기수로 많다. 작지만 웅장한 문을 열고 들어서면 현대 감성의 스타벅스가 펼쳐지며 길고 넓은 창밖으로 두들 거리 계단과 가스 램프를 볼 수 있다.

그리고 매장 안쪽으로 같은 공간이라고 하기에 믿기 어려울 정도로 미도 카페를 그대로 옮겨 놓은 듯한 색다른 공간이 나온다. 홍콩 거리를 수놓는 네온 사인을 닮은 천장의 간판, 옛날 알루미늄 재질의 블라인드와 초록색 창틀, 미도 카페에서 본 듯한 메뉴판과 테이블, 의자, 타일 바닥 등 지금까지 만나볼 수 없었던 스타벅스와 마주하게 된다. 매장에서 판매하는 음료와 디저트, 제품은 다른 나라 또는 다른 매장과 크게 다르지 않지만 인테리어 구성이 확연히 다르다 보니 홍콩을 방문하면 이곳을 으레 방문하고 가장 오랜 시간 할애하게 된다.

Starbucks
13 Duddell St, Central, Hong Kong

홍콩을 떠나며

이번 여행의 목적은 새롭게 출시된 홍콩 시티 카드 수집과 홍콩 디즈니랜드 안에 오픈한 스타벅스 방문이었다. 3박 5일 짧은 일정이었지만 운이 좋게도 첫 번째 방문한 스타벅스에서 한정판 시티 카드를 구입할 수 있었고, 디즈니랜드는 평소와 달리 사람이 많지 않아 입장도 스타벅스 방문도 손쉽게 달성했다. 덕분에 여유롭게 영국 식민지의 무역항 역할을 한 빅토리아 하버Victoria Harbour, 維多利亞港 주변 로컬 카페를 산책하고 느와르 영화 속 장소를 방문하고, 홍콩에서 유학 중인 후배도 만나볼 수 있었다. 느와르 영화 속 분위기를 따라 준비한 여행이라 숙소 선택부터 남달랐다. 한 곳은 빅토리아 하버를 한눈에 담을 수 있는 동시에 로컬 카페를 방문하기 쉬운 곳, 다른 하나는 영화 〈첨밀밀〉에 나올 법한 홍콩 뉴트로 감성을 채울 수 있는 곳이었다.

홍콩은 지금까지 여행한 나라들 중에서도 가장 본연의 모습을 간직하고 있는 곳 중 하나라고 생각한다. 중국 본토에서 따로 떨어져 100여 년 동안 서양 문물을 급격히 받아들였지만 본연의 것을 지켜 내기 위해 고군분투하며 결과적으로 동서양이 공존하는 특별한 문화를 형성했다. 그리고 그 문화를 고스란히 남겨 다음 세대로 이어주고, 또 다음 세대를 기약하고 있다.

여행을 마치고 돌아가는 길 홍콩국제공항香港國際機場, Hong Kong International Airport 으로 가는 관문인 공항 익스프레스機場快綫, Airport Express를 타기 위해 카우룽 역으로 향했다. 역은 몰과 이어져 있으며 2층에 위치한 스타벅스에서 역 입구를 훤히 내려다볼 수 있다. 덕분에 이곳의 존재를 아는 사람들은 출국 시간을 고려해 남는 시간을 이곳에서 보내기도 한다. 캐리어를 소지한 많은 사람들이 오가는 가운데 홍콩을 떠나는 사람들에게 마지막 군히기라도 하는 듯, 홍콩 스타벅스를 대변하는 제품과 이곳에서만 맛볼 수 있는 시그니처 메뉴를 선보이고 있다. 특히 메이플 시럽과 초콜릿 시럽이 함께 나오는 따뜻한 시나몬 와플 스틱은 팬에 나오는 덕분에 식을 때까지 계피향이 난다. 덕분에 홍콩을 떠나는 아쉬운 마음을 달래듯, 와플을 먹으며 홍콩 여행을 마무리 할 수 있다.

Starbucks
1 Austin Rd W, West Kowloon, Hong Kong

콜라보레이션 카드

바야흐로 콜라보레이션 전성시대로 패션, 뷰티, 식료품, 생활용품, 음악, 예술 등 가릴 것 없이 모든 분야에 걸쳐 콜라보레이션이 이루어진다. 스타벅스도 예외는 아니다. 세계적인 디자이너, 아티스트, 브랜드들과 콜라보레이션을 하고 있으며 범위는 유명한 디자이너가 직접 디자인한 제품부터 메뉴, 커피 블렌딩까지 다양하고 폭넓은 편이다. 특히 제품은 기존에 스타벅스에서 출시하는 기프트 카드, 머그, 콜드컵, 텀블러, 베어리스타뿐만 아니라 연필, 노트, 메모지, 동전지갑, 파우치, 토트백, 백팩 등 다양하다. 이는 미국, 캐나다, 한국, 중국, 일본, 대만 등에서 이루어지고 있으며 대체적으로 인기가 좋아 출시와 동시에 품절되어 옥션 사이트 등에서 고가에 판매되기도 한다.

스타벅스 기프트 카드를 수집하면서 비정기적으로 출시되는 콜라보레이션 디자인은 뜻밖의 선물이 된다. 때문에 좋아하는 디자이너, 아티스트, 브랜드들과 함께 한다는 소식을 접하면 그때부터 어떻게든 득템하기 위해 출시되는 지역을 체크하고 시기를 맞추어 여행을 계획하기도 한다. 그렇게 득템한 카드는 디자이너 비비안 탐Vivienne Tam, 아티스트 아사미 키요카와Asami Kiyokawa와 트리스탄 이튼Tristan Eaton, 브랜드 로다테Rodarte, 앨리스 앤 올리비아Alice and Olivia, 폴앤조Paul & Joe, 반도Ban.do가 참여한 카드이다. 이 중에는 직접 한국과 미국, 중국에서 득템한 것도 있지만 하나는 일본에서 사는 친구가, 하나는 대만에 다녀온 선배가 알음알음 모아주었다.

2013년 미국에서 처음 콜라보레이션 카드를 보게 되었다. 미국 로스앤젤레스에서 시작한 패션 브랜드 로다테는 영화 〈블랙 스완 Black Swan〉에서 나탈리 포트만이 입은 투투 의상 디자인으로 유명하다. 스타벅스와는 연말연시 한정으로 로다테 디자인의 그린 실버 의상에서 영감을 받아 기프트 카드, 머그, 텀블러, 토트백을 출시했다. 당시 패션 브랜드와 음료 브랜드의 만남은 획기적이었고, 특별한 카드를 득템했다는 데에서 온 자부심은 앞으로 스타벅스 카드를 모으는데 원동력이 되어주었다.

비비안 탐은 뉴욕에 본사를 두고 있지만 홍콩에서 만들어지기 시작한 브랜드이다. 디자이너인 비비안 탐은 중국 광저우에서 태어나 홍콩으로 이주, 학교를 졸업할 때까지 살았다. 그래서인지 브랜드 전체적으로 동양의 색감이 물씬 담겨있다. 스타벅스와는 새와 식물 Bird and Flora에서 영감을 받아 본인의 문화적 뿌리인 아시아와 삶의 터전인 뉴욕의 현대적인 디자인을 가미해 카드, 텀블러, 토트백을 제작했다. 한국에서는 토트백을 구입해야 카드를 얻을 수 있었지만 중국에서는 카드만 별도 구입할 수 있어 손쉽게 살 수 있었다.

일본 유명 아티스트인 아사미 키요카와는 황금빛 나비 디자인에 증강 현실을 접목해 핸드폰 AR 앱을 사용하면 카드 위로 나비가 날아다니는 장면을 볼 수 있도록 연출했다. 덕분에 일본에서는 한정판이 나오면 이를 추종하는 사람들이 출시 당일 빠르게 움직이는 편인데 카드 자체가 독특하다 보니 단숨에 품절되어 버렸다. 새로운 시도를 한 카드였기에 너무나도 갖고 싶었지만 이런 상황이라면 리셀러 구입도 포기해야겠다 싶었다. 그러던 찰나에 일본에 사는 친구가 우연히 스타벅스에 갔다가 발견했다며 찾아준 바람에 득템할 수 있었다.

하지만 2019년 트리스탄 이튼 카드 이후로 콜라보레이션은 진행하고 있지만 카드는 출시되고 있지 않아 기다리고 있다.

일본
도쿄

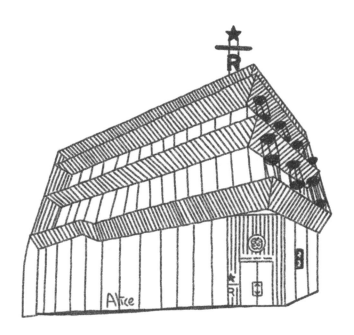

일본은 미국 시애틀과 같이 전 세계 내로라하는 커피 프랜차이즈들의 각축장으로 유명하다. 스타벅스 또한 북미를 벗어나 첫 해외 진출지로 일본을 선택했다. 1995년 10월, 미국 스타벅스의 자회사인 인터내셔널 스타벅스 커피Starbucks Coffee International, Inc.와 일본 기업 사자비 리그Sazaby League의 합작으로 일본 스타벅스가 설립되었다. 이는 한국 스타벅스가 신세계 그룹과 공동 투자로 설립된 것과 비슷하다. 일본 기업과 함께 시작한 스타벅스는 일본 각지에 매장을 오픈하고, 일본 특유의 옷을 입은 콘셉트 스토어와 한정판 제품들을 선보이며, 뚜렷한 현지화 전략과 자발적 활성화가 이루어지고 있다. 그렇다 보니 매번 새롭게 생성되는 일본의 흥미로운 스타벅스 소식은 수시로 나를 일본으로 달려가게 만든다.

일본 첫 번째 스타벅스

1996년 일본 도쿄 긴자 지구에 첫 번째 스타벅스를 오픈하던 날, 매장을 방문한 하워드 슐츠Howard Schultz는 이른 아침부터 줄지어선 고객들을 보고 일본에서의 성공을 예감했다고 한다. 몇 년 전부터 한국에서도 아이폰을 구입하거나 블루보틀 오픈을 기다리며 이르면 전날부터 불특정 다수가 줄을 서지만 당시에는 대중적이지 않은 브랜드의 첫 오픈을 기다리며 줄을 서는 것이 이례적이었던듯싶다. 스타벅스는 당시 일본에서 볼 수 없었던 특별한 카페의 형태로 협력사인 사자비 리그 또한 모험을 한 것과 다름이 없었다. 일본의 전통적인 독립 카페는 전체적으로 희미한 조명에 기본적으로 흡연석을 갖추고 작은 다기에 커피를 마셨다면, 스타벅스는 은은한 조명에 편안한 소파, 금연으로 쾌적한 환경을 조성하고 다양한 사이즈의 옵션이 있는 커피를 선보였다. 때문에 스타벅스에게도 전혀 다른 문화권에서 전 세계 동일한 콘셉트와 구성으로 운영이 가능한지 가늠하는 날이었다. 결과적으로 일본 스타벅스 1호점은 지금도 굳건히 긴자역을 지키고 있으며 내부 곳곳에 표시해둔 1호점의 흔적을 엿볼 수 있다. 반면 기존 일본의 전통적인 독립 카페의 수는 현저히 줄어들었다.

스타벅스 커피 긴자 마츠야 도리점(スターバックスコーヒー 銀座松屋通り店)
〒104-0061 東京都 中央区銀座3-7-14 ESKビル1F

　일본 스타벅스 도입 초기, 스타벅스의 본고장 시애틀은 일본인들에게 최고의 여행지로 꼽혔으며, 시애틀의 스타벅스는 다양한 경로로 일본에 소개되면서 마니아층을 형성하게 되었다. 이러한 마니아층의 힘을 빌려 스타벅스의 새로운 커피 문화가 급속도로 전파되었으며, 그 외 담배를 피우지 않는 젊은이들에게도 자연스럽게 어필했다. 또한 당시 미국 커피의 상징인 스타벅스를 미국 외의 지역에서 처음 만나볼 수 있다는 점에서 일본을 방문하는 전 세계 관광객들에게도 새로운 관광지로서 매력을 발산했다. 덕분에 일본 스타벅스는 커피를 즐기는 현지 고객들뿐만 아니라 다양한 인종의 관광객들이 즐기는 명소가 되어 오픈 4년 만에 흑자로 돌아선다.

　하지만 일본은 최근 몇 년 전 중국에 아시아 지역 스타벅스 매장 개점 1위 자리를 내주었고, 리저브 로스터리 Starbucks Reserve Roastery 매장 또한 중국에 먼저 자리를 내주고 만다. 그럼에도 다행히 일본은 전통 커피 시장에서 독일, 이탈리아, 프랑스, 미국 다음으로 가장 큰 시장을 가지고 있으며(2017년 기준 4,000만 달러의 커피를 소비) 아시아 지역 커피 소비국 1위를 지키고 있다. 물론 빠르게 변화하는 커피 시장에서 언제 뒤바뀔지 알 수 없지만 아직까지는 일본이 중국의 4배 수준에 달하는 커피 소비량을 가지고 있다.

일본 커피 문화

　우리가 쉽게 떠올리는 일본의 대표적인 카페인 음료는 말차 抹茶이지만 실상 일본은 이른 문호 개방과 우호적인 서양 문물 습득으로 아시아 지역에서 가장 먼저 커피를 대중적으로 받아들였다. 일본의 커피 유래에 대해 가장 유력한 설은 에도 시대 江戶時代, 1603-1868로 거슬러 올라간다. 당시를 기록한 다양한 문헌들에 따르면 나가사키 데지마 長崎出島 지역에 위치한 네덜란드 저택을 통해 퍼져 나왔을 것이라는 추측이다. 하지만 1858년 무역 제한이 풀리기 전까지 외국인과 접촉할 수 있는 사람은 일부 직종에 한정되어 있었고 엄격한 쇄국 정책으로 일관하고 있었기 때문에 맛은 볼 수 있어도 전파되기는 어려웠을 것이다. 본격적으로 서양 문화의 상징인 커피를 수용하기 시작한 것은 문화 개화의 시대를 맞이한 메이지 시대 明治時代, 1868-1912이다. 이 시기에는 문호를 개방하면서 항구 도시인 요코하마, 고베, 나가사키, 하코다테 등에 외국인 거주와 영업을 허가하는 지역이 생겨나고, 외국인과 활발한 교류가 시작되면서 그들의 문화를 엿볼 수 있게 된다. 또한 구미 제국 歐美諸國, 유럽과 미국으로 사신을 보내거나 유학 등을 떠나는 사람들이 늘어나면서 현지에서 서양식 식사를 경험하고 커피에 대해 알 기회도 늘어났다. 그러다 1888

년, 첫 번째 유럽식 커피 하우스 여부 다관可否茶館이 도쿄 우에노 인근에 문을 열지만 시기상조로 4년 만에 폐점했다. 커피 자체가 일부 상류층과 기득권층에게만 알려져 있어 대중적인 상점으로 운영되기에는 어려움이 많았기 때문이다.

다이쇼 시대大正時代, 1912-1926에는 메이지 시대 말미부터 도쿄의 가장 번화한 긴자에 하나 둘 서양식 커피 하우스가 들어서며 일본의 문화 살롱 역할을 하기 시작한다. 일본 커피 대중화에 크게 공헌한 카페 파울리스타Café Paulista는 1911년 도쿄에 문을 연다. 이곳은 미즈노 료水野 良가 설립한 곳으로 브라질 정부와 교역하는 대가로 제공받은 원두를 사용해 다시 브라질 커피를 홍보하고 커피 판로를 확대하는 카페였다. 파울리스타의 저렴한 커피가 커피의 대중화를 앞당겼고 곧 매장은 20여 개 지점으로 확장된다. 1920년에는 파울리스타 직원 중 한 명이었던 기무라木村가 커피 사업의 가능성을 발견하고 요코하마에 독립 카페인 기무라상점木村商店을 연다. 그는 전 세계 원두와 기구의 수입 판매뿐만 아니라 직접 농장 사업을 하고 시럽 등을 개발하며 밀도 있는 커피 사업을 이루었는데, 또한 적극적인 광고로 일본 커피 문화 형성에도 힘을 쏟았다. 기무라상점은 지금의 일본 커피 프랜차이즈 키 커피Key Coffee로 발전했고, 일본의 커피 하우스는 일본식 찻집 깃사텐喫茶店으로 전개된다.

이후 커피는 자연스럽게 가정에 전파되고, 커피에 대한 열정은 세계적인 드리퍼 브랜드인 도쿄 칼리타Kalita Japan 탄생으로 이어진다. 아시아 최고의 커피 소비국이자 세계적인 커피 기구를 생산하는 일본은 스타벅스 탐방 외에 골목골목 숨겨진 깃사텐 등 과거와 현대 독립 카페를 찾는 재미도 쏠쏠하다.

일본 콘셉트 스토어

　도쿄는 일본에서 땅값이 가장 비싼 곳이지만 일본 전체 스타벅스 지점의 약 23% 이상이 이곳에 위치해 있다. 도쿄는 일본의 수도이자 가장 많은 유동인구와 관광객을 보유하고 있어 아시아의 광고판 역할을 하고 있다. 때문에 커피 프랜차이즈들의 아시아 최대 격전지이기도 하다. 일본 스타벅스는 초기 공격적인 매장 확장을 통해 18년 동안 46개 현에 총 1,000여 개의 매장을 확보했으며, 이후에는 일본 문화를 이해하고 존중하며 맞춤형 서비스를 전개하는 방향으로 핵심 전략을 선회했다.

　일본에서의 맞춤 전략으로 첫 번째, 교외 지역 고객을 위한 드라이브 스루 Drive-Thru를 빠르게 도입했다. 살인적인 도시 물가에서 벗어나 가족 단위로 외곽에 살고 있는 고객들을 흡수하기 위해 드라이브 스루를 선보인 것이다. 그 결과 도입 전과 후, 1년 만에 평균 수익 보다 25%가량 더 높은 수익률을 기록했다. 한국에 드라이브 스루가 도입되기 전, 도쿄에서 1시간 거리인 츠쿠바에 살고 있는 친구 덕에 대로변에 덩그러니 떨어져 있는 스타벅스를 색다르게 경험해볼 수 있었다.

두 번째, 일본의 전통적인 문화 특성을 반영해 운영한다. 사계절 변화에 맞추어 다양하게 열리는 축제에 주목해 축제 한정 계절 음료, 기프트 카드, 머그와 텀블러 등을 출시해 매해 품절 대란을 일으킨다. 더불어 프라이버시를 중요하게 생각하는 문화를 고려해 미국, 유럽, 한국 등과 달리 고객의 이름 또는 별칭을 요청하지 않는다.

세 번째, 지역 특색에 맞는 매장을 기획한다. 스타벅스의 아이덴티티를 바탕으로 현지의 역사적인 위치, 건물을 활용하거나 저명한 아티스트와 함께 주변 환경과 어우러지는 새로운 건축물을 짓기도 한다. 2012년 도쿄 하라주쿠에 오픈한 팝업스토어를 시작으로 스타벅스 매장에서의 특별한 경험을 제공하기 위해 선보이는 상점을 우리는 콘셉트 스토어Concept Store라 부른다. 저마다 뚜렷한 개성을 가진 콘셉트 스토어 네 곳은 도쿄를 가장 잘 표현해낸 곳으로 일본 현지인뿐만 아니라 관광객들에게도 색다른 것을 경험할 수 있는 관광 명소가 되고 있다.

책 속에 풍기는 커피 향, 츠타야 서점 내 스타벅스

츠타야^{蔦屋, TSUTAYA}는 1983년 일본 오사카에서 라이프 스타일 탐색이라는 콘셉트로 시작한 상점이다. 책, 음반, 비디오 등을 판매 또는 대여하는 상점이었지만, 츠타야만의 독특한 큐레이션과 진열 방식은 새로

운 개념의 공간으로 주목받기에 충분했다. 지금은 모두 없어져 버렸지만 대여점의 전성기 시절, 츠타야는 차별화된 콘셉트로 전국적인 관심에 힘입어 오사카를 넘어 일본 전역에 1,500여 개의 지점과 일본 인구의 절반인 6천만 명의 회원을 확보한다. 그러나 2000년대 들어 책, 음반 시장의 위기에 비디오가 자취를 감추며 위기가 닥쳐왔다. 하지만 이에 굴하지 않고 츠타야는 2011년 또다시 도쿄에 새로운 시도인 다이칸야마 츠타야 북스^{代官山蔦屋書店, Daikanyama TSUTAYA Books}를 오픈했다.

다이칸야마 츠타야 북스는 일본의 내로라하는 거장들이 뭉쳐 작업한 공간이다. 일본을 거점으로 세계적인 건축물을 선보이고 있는 클레인 다이탐

Klein Dytham Architecture의 기획, 일본 디자인의 선두주자이자 무인양품無印良品의 아트디렉터로 활동하고 있는 하라 켄야原研哉의 커뮤니케이션 디자인, ikg의 대표 건축가이자 디자이너인 토모코 이케가이池貝知子의 전반적인 크레이터 방향 조율 등 전문가들이 모여 만들어 낸 결정체로 이를 보기 위해 흔히 '일본' 하면 떠오르는 풍경이 아님에도 불구하고 수많은 관광객들이 나카메구로로 향한다. 다이칸야마 츠타야 북스의 웅장한 나무들은 도심 속 숲을 만들어내고, 그 안에는 세 개의 츠타야 건물이 얼기설기 다리로 연결되어 있다. 건물의 외벽은 츠타야의 별칭이기도 한 티 사이트T-Site의 알파벳 티(T)를 입체적으로 표현해 가까이에서 보나 멀리에서 보나 완벽한 문자로 보일 수 있도록 했다. 이 티의 모양은 나카메구로 역 앞에 위치한 츠타야 북스 나카메구로점에서도 볼 수 있다. 나카메구로 역 앞에 위치한 츠타야 북스는 다이칸야마의 미니 버전으로 예고편을 보는 것 같은 느낌을 자아낸다.

다이칸야마 츠타야북스는 어른을 위한 숲속의 도서관이라는 콘셉트로 건물 외적인 부분뿐만 아니라 내적인 것에서도 가득 채워졌다. 츠타야의 기본 개념인 독특한 큐레이션과 진열 방식을 강화해 책, 음반 또는 DVD 등을 판매하는 상점, 문방구, 도서관과 라운지, 카페, 어린이 놀이 공간, 반려동물을 위한 서비스 등 복합 문화 공간을 형성했다. 나무들에 둘러싸여 있는 1층 내부로 들어서면 세 개의 건물에서 건축과 디자인, 예술, 문화, 요리, 여행, 자동차 등 여섯 개의 전문 분야로 각각 나누어진 서점을 마주하게 된다. 서점에는 그 흔한 베스트셀러, ㄱㄴㄷ 순의 신간 서적 나열이 없다. 츠타야만의 큐레이션으로 나누어진 섹션에는 내부에서만 대여 가능한 고서적부터 판매를 위한 현대 서적, 그리고 각 섹션에 어울리는 상품들이 진열되어 있다. 파리 여행으로 꾸며진 섹션에는 다양한 스타일의 파리 여행 책부터 파리를 주제로 한 문학, 요리책, 엽서, 에코백 등이 판매되고 있어 생각의 폭을 넓히고 재미를 더한다. 또한 광범위한 양의 책, 음악, 영화 속에서 갈피를 잡지 못하는 고객들을 위해 맞춤형 컨시어지 서비스를 운영하고 있다. 그리고 책과 함께 커피 한 잔을 즐길 수 있는 스타벅스가 위치해 있다.

1층 야외 테라스에서부터 서점 내부까지 이어져 있는 스타벅스 다이칸야마 츠타야 북스점은 대여한 도서 자료, 구입하기 전의 책 등이 모두 반입 가능하다. 식음료를 먹는 동안 실수로 도서 자료 및 책을 오염시킬 수도 있는 위험 부담이 있지만 각자 조심해야 한다는 암묵적인 약속 하에 이를 허용한 것이다. 덕분에 책으로 둘러싸여 있는 서점 내 스타벅스 좌석은 물론 봄부터 가을까지 살랑이는 나무 바람을 맞으며 책 읽기 좋은 야외 테라스 좌석은 연일 만석이다. 주변 상점들과 달리 새벽 두 시까지 운영되는 매장은 늦은 시간까지도 책을 읽는 사람들로 자리가 채워져있다. 사실 츠타야 서점 내 스타벅스는 이번이 처음은 아니다. 도쿄, 오사카 등 각지의 츠타야 서점은 오랜 시간 스타벅스와 동고동락해왔다. 도쿄에서 가볼 만한 곳으로 꼽히는 시부야의 스크램블 교차로渋谷에 위치한 스타벅스 시부야 츠타야점, 긴자 식스 6층에 위치한 스타벅스 츠타야 긴자 식스점 등 실제 서점에서 판매하고 있는 책들이 가득한 가운데 커피 테이블이 있는 스타벅스들이 여럿 된다. 이 이색적인 북 카페 분위기를 색다르게 느낀 사람들은 인증샷을 찍기 위해 끊임없이 이곳을 방문한다. 단, 책과 커피를 여유롭게 즐기고자 하는 고객들에게 사진 촬영은 불편함을 안겨줄 수 있어 츠타야는 다이칸야마를 비롯 몇몇 지점 스타벅스에서 일반적인 촬영을 불허하고 있다.

스타벅스 다이칸야마 츠타야 북스점(スターバックス コーヒー 代官山 蔦屋書店)
〒150-0033 東京都渋谷区猿楽町１７－５ 蔦屋書店3号館1F

하라주쿠 도심 속 오아시스, 도큐플라자 스타벅스

하라주쿠는 도쿄 패션 1번지로 세계적인 명품 브랜드, 일본 대표 브랜드, 빈티지 의류, 코스프레 상점 등이 줄지어 있으며, 곳곳에는 인디밴드의 다채로운 예술 공연 등이 열려 365일 생기 넘치는 홍대에  서부터 연남동을 잇는 거리를 연상시킨다. 기존의 패션 거리 하라주쿠와 확장된 오모테산도가 교차하는 지점에는 패션의 요새라 불리는 도큐 플라자 오모테산도 하라주쿠東急プラザ表参道原宿, Tokyu Plaza Omotesando Harajuku가 있다. 도큐 플라자는 일본의 대형 쇼핑 테마파크 체인으로 의류 및 잡화를 판매하고 있으며, 오모테산도를 비롯 긴자, 하마타, 토츠카, 마카사카, 신나가타 등 도쿄에만 총 6개의 지점을 운영하고 있다. 오래된 것과 새로운 것의 만남인 도큐 플라자 오모테산도 하라주쿠는 일본의 유명 건축가 나카무라 히로시中村拓志와 NAP 건축 사무소 설계에 의해 2012년 새롭게 세워졌다. 7층 규모의 쇼핑센터는 쇼핑을 즐기는 사람들의 행동, 건물 내 다각도로 들어오는 빛의 양, 자연과 융합되어 휴식을 취할 수 있는 공간 등이 고려되었다. 하나의 작품과 도 같은 도큐 플라자 오모테산도 하라주쿠의 에스컬레이터 입구부터 따스한 자연광이 들어오는 환한 매장, 일명 오모하라 숲 おもはらのもり 이라 불리는 6층 옥상 정원, 하라주쿠를 조망할 수 있는 7층 레스토랑 등 이 모든 것이 또 하나의 하라주쿠 랜드마크가 되었다. 그리고 바로 이곳 6층 옥상 정원에 스타벅스 도큐 플라자 오모테산도 하라주쿠점이 위치해 있다.

스타벅스 도큐 플라자 오모테산도 하라주쿠점은 옥상 정원을 포함해 6층 전체를 매장으로 운영하고 있다. 도큐 플라자는 오전 11시부터 오후 9시까지 영업하는데 반해 스타벅스는 오전 8시 30분부터 오후 11시까지 영업을 하며 다른 층과 이어진 엘리베이터, 계단 외에 바깥으로 바로 통하는 엘리베이터 한 대가 추가적으로 있어 독립 상점과도 같다. 덕분에 34그루의 나무와 50여 종의 야생 식물, 디자이너의 작품들로 구성되어 있는 아름다운 옥상 정원에서 낮에는 볕과 함께 밤에는 별과 함께 나무 계단에 앉아 차 한 잔의 여유를 즐길 수 있다. 단, 야외 특성상 비 또는 눈이 오는 날에는 추락의 위험이 있어 실내 매장만 이용 가능하다. 우연찮게 하라주쿠를 방문할 때마다 비 아니면 눈이 오는 바람에 옥상 정원 나무 계단에 앉는 호사는 단 한 번도 누려보지 못했다. 더불어 이곳에는 일반적으로 일본 스타벅스에서 판매하는 메뉴 외에 갓 구운 페이스트리, 케이크, 롤 등 다양한 베이커리, 디저트 메뉴와 한정 음료 등이 판매되고 있는 것으로 유명하다. 한정 메뉴는 시즌에 따라 변경되기 때문에 오늘 본 메뉴가 다음에 또 있으리라는 보장이 없다.

그러니 보이는 대로 먹어보는 것이 최선이다. 지금까지 이곳에서 시도한 메뉴 중 실패한 메뉴는 없었지만 디저트 메뉴가 많이 단 편이라 한 번에 하나씩 먹는 것을 추천한다. 하라주쿠와 오모테산도에서 쇼핑을 하기 전과

후, 이곳에 들러 도심 속 전경을 내려다보며 특별한 메뉴와 함께 휴식을 취

하면 좋다.

스타벅스 도큐 플라자 오모테산도 하라주쿠점(スターバックスコーヒー 東急プラザ 表参道原宿店)
〒150-0001 東京都渋谷区神宮前４丁目３０－３ 東急プラザ表参道原宿

도쿄 예술의 중심, 우에노 공원 스타벅스

우에노 공원上野公園은 연간 천만 명 이상이 방문하고 있는 명실상부 도쿄 예술의 중심으로 박물관, 미술관, 동물원 등을 갖춘 일본의 첫 문화 복합 단지이자 주요 문화재이다. 넓은 부지에는 문화 예술 시설 외에

도 8,800 그루의 나무가 사시사철 새로운 매력을 뽐낸다. 특히 봄에는 3월부터 4월까지 공원 중앙에 늘어선 벚나무 약 1,000 그루가 벚꽃으로 만발해 도쿄에서 가장 인기 있는 벚꽃 명소로 꼽힌다. 덕분에 빼곡히 들어선 도쿄 도심의 빌딩들 사이에서 멀리 가지 않아도 몸과 마음의 휴식을 마련할 수 있다. 이러한 우에노 공원의 시작은 에도 시대江戸時代, 1603-1868로 거슬러 올라간다. 당시 우에노 전체는 도쿠가와 가문德川氏의 성전 부지로 사용되며, 도시를 악운으로부터 보호하기 위한 절을 비롯 30여 개가 넘는 건물들이 있었다. 하지만 에도 시대 막바지인 1868년 우에노 전투에서 패배하며 절과 대부분의 건물들이 파괴된다. 이후 일본 문화의 개화 시기인 메이지 시대明

治時代, 1868~1912에 들어서 1872년부터 1년 동안 국가 주도하에 도쿄 국립 박물 관, 국립 서양 미술관, 국립 자연 과학관, 도쿄 도립 미술관, 도쿄 예술 대 학 미술관 등 도쿄를 대표하는 다양한 박물관과 미술관이 세워지고, 서양 식 공원, 동물원 등이 조성되어 현재의 모습으로 공개됐다. 그중 국립 서양 미술관은 훗날 현대 건축의 개척자라 불리는 프랑스 건축가 르 코르뷔지에 Le Corbusier의 건축물로 직사각형의 독특한 외형은 유네스코 세계 문화유산에 등재되기도 한다.

　우에노 지하철역에서 내려 국립 서양 미술관을 지나 우에노 공원 중앙에 다다르면 어김없이 스타벅스가 나온다. 스타벅스 우에노 온시 파크점은 공 원의 정중앙인 분수 광장을 따라 위치해 있으며, 푸른 자연 경관과 19세기 구성된 박물관들 사이에서 이질감 없이 세워져 있다. 형태는 국립 서양 미 술관과 같이 기다린 직사각형이고, 지붕은 도쿄 국립 박물관의 일본 전통 지

붕과 같이 얹어져 있다. 또한 주변과 어우러진 간판은 지붕 안쪽과 건물 밖 박물관 표지판 자리에 세워두었다. 건물 내부는 정중앙에 입구와 주문하는 공간을 만들어 놓고, 주문 후 자신의 취향에 따라 좌우 양 갈래로 앉을 자리를 찾아가도록 했다. 이곳을 제외하고는 눈이 닿는 모든 면이 창으로 이루어져 있어 어느 자리에 앉아있어도 공원의 모습을 한눈에 담을 수 있다. 덕분에 매장 안과 밖 가릴 것 없이 모두 자연을 온전히 느낄 수 있다. 그래서인지 갈 길이 멀어 이른 아침부터 방문했는데도 엉덩이가 떨어지질 않았다. 아메리카노 한 잔과 파이를 먹으며 추적추적 비가 내리는 창밖의 풍경을 하염없이 바라보다가 문자가 와서야 일어나게 되었다. 또한 건물을 지지하는 기둥 벽면에는 도쿄 예술 대학 학생들이 만든 특별한 작품들이 전시되어 있어 문화 복합 단지라는 말이 무색하지 않게 공원의 특성도 살려냈다. 무엇 하나 빠지는 것이 없는 스타벅스 우에노 온시 파크점은 기다란 매장 안쪽과 처마 밑을 활용해 약 100여 명이 족히 앉을 수 있는 커다란 매장이다. 그럼에도 불구하고 날이 좋으면 입구 밖으로 길게 늘어선 줄을 목격할 수 있다. 일본 여행에 있어 꼭 한 번은 들러볼 만한 우에노 공원에서 산책을 하다가 마른 목을 축이고 아픈 다리를 쉬며 숨을 고를 수 있는 쉼터로 활용하기 좋다.

스타벅스 우에노 온시 파크 스토어점(スターバックスコーヒー 上野恩賜公園店)
〒110-0007 東京都台東区上野公園 8－22

에도 시대의 영광을, 전통 건축 양식을 입은 스타벅스

콘셉트 스토어는 스타벅스가 최근 몇 년 사이 각 나라별 도시별 역사적인 건축물과 예술에서 영감을 받아 개장한 매장이다. 일본에서는 2017년 교토를 시작으로 2018년 도쿄에 전통 건축 양식을 입은  콘셉트 스토어를 오픈했다. 도쿄에서 선택한 사이타마의 카와고에川越는 에도 시대江戸時代, 1603-1868부터 메이지 시대明治時代, 1868-1912까지 전통 가옥과 창고 등 30여 채가 고스란히 남아있어 1999년 전통 보존지구로 선정되었다. 그리고 이곳에 자리 잡은 카와고에 카네츠키 도리점은 에도 시대의 전통적인 창고 건축 양식인 쿠라츠쿠리くらづくり를 차용해 역사적인 거리 풍경과 매끄럽게 조화를 이루도록 했다. 쿠라츠쿠리는 당시 목조 건물이 많아 한번 불이 붙기 시작하면 마을 전체로 번져 종잡을 수없이 타 버리는 것을 경계해 비교적 불에 타지 않는 소재를 겹겹이 붙여 짓기 시작한 건축 양식이다. 스타벅스는 이를 재현하기 위해 사이타마에서 생산된 삼나무를 이용해 외관

을 세우고, 이와 조화를 이루면서도 현대적인 미학과 편리를 더하는 내부 인테리어로 꾸몄다.

교토에 위치한 전통 가옥 스타일의 콘셉트 스토어를 오픈 당시 방문했었는데, 어마어마한 인파에 발길을 돌릴 수밖에 없었다. 1년이 지난 후에서야 다시 방문했을 때에도 30분 정도 줄을 서야 들어갈 수 있었다. 일본인들의 독특한 스타벅스에 대한 관심이 이렇게 큰 것이다. 때문에 도쿄만큼은 오픈 시기에 맞추어 방문해 보고자 부랴부랴 비행기에 몸을 실었다. 오픈 첫날 30분 전 도착을 목표로 전날 도쿄에 도착해 다음날 아침 6시부터 분주하게 준비했다. 도쿄역에서 카와고에역까지 지하철을 타고 1시간, 역에서 내려 다시 버스를 타고 10여 분을 가야 하는 스타벅스에 거의 다다랐다. 그런데 다행히도 관광지 중심이었던 교토와 달리 도쿄 외곽 소도시에 자리 잡은 이곳은 비교적 주변이 한산했고 그 이후로도 여유롭게 방문할 수 있었다. 이 매장은 에도 시대 건축물에서 흔히 볼 수 있는 회색빛 벽면, 일본의 미를 담아낸 그림, 카와고에만의 기술로 직조한 토잔 작물의 좌석 등받이, 카와고에의 사계절을 한눈에 담을 수 있는 두 개의 일본식 정원 등 섬세한 부분까지 일본의 전통적인 문화를 담아냈다. 비가 오는 날에는 커피 한 잔을 들고 작은 일본식 정원에 앉아 빗소리를 듣고 있으면 그럴듯한 정원 카페에 와있는 듯한 착각을 불러일으킨다. 또한 해가 좋은 여름날 오후 3시 정도에 조금 큰 정원에 앉아 일본 애니메이션에서처럼 건물 사이사이로 불어오는 바람을 맞고 있자면 하루에 네 번 울리는 카와고에의 랜드마크 토키노카네時の鐘의 종소리가 들려온다. 적당한 규모에 알찬 구성으로 옛 일본의 정취와 정원을 느끼고자 한다면 도쿄 근교 여행으로 꼭 추천하는 곳이다.

스타벅스 카와고에 카네츠키 도리점(スターバックスコーヒー 川越鐘つき通り店)
〒350-0063 埼玉県川越市幸町1 5 －18

도쿄 스타벅스 리저브 로스터리

　전 세계 수많은 커피 프랜차이즈들은 스타벅스의 성공적인 아시아 진출의 신호탄이었던 일본 도쿄에서 영감을 받아 끊임없이 상점을 오픈하고 성공을 꿈꾼다. 2018년 미국 본토에서 파산과 함께 모든 점포를 닫은 튤리스 커피Tully's Coffee 또한 급성장하는 스타벅스를 모티브로 시애틀에 1호점을 내고 공격적인 점포 확장은 물론 일본에까지 진출한다. 하지만 해외 경험이 미흡했던 튤리스 커피는 일본 음료 회사인 이토 엔Ito En에 일본에서의 사업을 전적으로 위임하는 라이선스를 제공하는데 이것이 신의 한수였다. 이토 엔이 일본 독립 카페 분위기와 미국식 커피를 융합하여 독자적인 스타일의 튤리스 커피를 만들어낸 덕에 미국에서는 사업을 접었지만 일본에서만큼은 살아남은 특이 사례가 되었다. 시애틀에서는 미처 간판도 떼지 못하고 문을 닫은 반면 일본에서는 여전히 건재한 모습을 볼 수 있다. 그 외 2002년 미국 오클랜드에서 시작된 블루보틀 커피Blue Bottle Coffee, 1963년 노르웨이 오슬로에서 문을 연 푸글렌Fuglen, 2002년 프랑스에서 패션 브랜드 메종 키츠네Maison Kitsuné로 시작해 확장된 카페 키츠네Café Kitsuné 등이 일본에서의 영역 확장 및 다른 아시아 지역을 노리고 있다.

　스페셜 커피 분야의 주축이 된 블루보틀 커피는 설립 당시 영감을 준 일본 전통 깃사텐이 위치한 도쿄에 아시아 1호점을 오픈했다. 2014년부터 시작된 일본 지점 확대는 블루보틀 커피 본연의 색을 가지고 입지 조건에 맞추어 건축 및 인테리어 등을 직접 진행하고 있어 그 속도는 느리지만 총 10개 지점을 운영하고 있다. 푸글렌 커피 역시 일본 도쿄가 첫 해외 진출지로 노르웨이의 라이프 스타일을 리얼하게 반영한 빈티지 디자인과 칵테일 바가 특징이다. 세계 최고 커피 농가로 꼽히는 곳에서 직접 공수한 원두를 가볍게 구워 내놓는 커피는 일품이다. 파리와 도쿄의 영향을 받은 패션 브랜드 메종 키츠네는 2002년 프랑스에서 시작돼 일본으로 들어왔다. 주로 매장과 함께 이어져 있어 옷을 구입하지 않아도 발길이 이어질 수 있도록 커피와 디저트에 신경을 많이 썼다. 그리고 독특한 필체의 로고가 새겨진 머그, 텀블러, 에코백, 그리고 커피와 함께 내어주는 여우 모양의 쿠키는 커피

보다 더 인기를 얻기도 한다.

그리고 책 원고를 쓰는 동안 다섯 번째 스타벅스 리저브 로스터리가 도쿄에 문을 열었다. 카와고에 카네츠키 도리점을 다녀올 때까지만 하더라도 당분간 일본에 갈 일은 없을 거라 생각했었는데 도저히 이곳을 빼놓을 수 없어 주말을 활용해 다녀왔다. 나카메구로 역에서 메구로 강변을 따라 10여 분 정도 걸으니 일본 대표 건축가 쿠마 켄고隈研吾의 독특한 건물이 눈에 띄었다. 쿠마 켄고는 일본 전통을 재해석한 현대적 건물을 설계하고 가르치며 책을 쓰기도 한다. 그의 작업 범위는 일본뿐만 아니라 미국, 중국, 프랑스, 덴마크, 스코틀랜드 등 다양하다. 스타벅스와의 작업은 이번이 두 번째이며 후쿠오카 다자이후 텐만구 지점 또한 그의 작품이다. 최근에는 2020년 올림픽이 열릴 예정이었던 도쿄의 뉴 내셔널 스타디움New National Stadium을 설계하기도 했다. 스타벅스 리저브 로스터리 도쿄는 문을 연지 두 달여 기간이 지났음에도 불구하고 주말이어서 그런지 대기 시간은 2시간 남짓이었다. 다행히 대기 시스템이 잘 되어 있어 건물 뒤편에 마련되어 있는 키오스크에서 대기 순서를 뽑고 라인 알람을 기다렸다. 이곳에는 번호표를 뽑거나 알람 신청을 할 수 있도록 안내해 주는 직원도 있고 한편에는 긴 대기 행렬에 포기하고 돌아가는 사람들을 위해 기념품이라도 구입할 수 있도록 매장 내부에서 판매하는 한정판 중 일부를 판매하기도 했다.

그런데 어렵게 들어간 4층 규모의 건물은 크게 감동으로 다가오지는 않았다. 높지만 좁은 매장 구성 때문에 시야를 방해받기 십상이었고 어디에서든 커피가 만들어지는

과정이 보여야 하는 리저브 로스터리의 취지 또한 퇴색된 느낌이었다.

　1층에는 스페셜 티를 제공받을 수 있는 리저브 미니바부터 이탈리아 프리미엄 베이커리 프린시^{Princi}, 동판으로 장식된 대형 로스팅 기계와 전문 로스터와 대화를 나눌 수 있는 공간, 일본의 문화를 담아낸 한정판 제품을 판매하는 코너 등이 촘촘하게 배치되어 있다. 티바나^{TEAVANA} 컵 벽을 따라 올라간 2층에는 일본 전통 종이접기에서 영감을 받아 장식한 천장이 다른 층과 사뭇 다른 분위기를 자아낸다. 상하이와 도쿄에서만 만나볼 수 있는 티바나의 티 종류를 마실 수 있는 바, 찻잔 판매대 등도 있다. 그 외 3층과 4층에는 나카메구로 에스프레소 마티니 등 독창적인 시그니처 칵테일을 맛볼 수 있는 아리비아모 바^{Arriviamo Bar}, 커피 시음이나 강연, 패널 토론 등을 할 수 있는 커뮤니티 공간, 그리고 스타벅스 리저브 로스터리 도쿄의 자랑인 메구로 강을 내려다보는 야외 테라스가 있다. 이곳을 방문하기 위해 기대에 찬 마음으로

인근에 숙소를 구하기도 했지만 구석구석 돌아도 보고 커피와 디저트를 먹은 후 또다시 도쿄에 왔을 때 이만한 인파를 뚫고 재방문할 만큼의 매력적인 이유는 찾지 못했다. 개인차이겠지만 넓게 시야 확보가 잘 되었던 미국과 중국, 이탈리아의 리저브 로스터리는 마치 커피 공장 또는 박물관을 방문하듯 마음껏 경험하고 느낄 수 있었다면 일본은 비좁은 상점가에서 바삐 볼일만 보고 가야 할 것만 같았다. 마침 방문했을 당시 벚꽃 철이라 1층 통창과 야외 테라스에서 흩날리는 벚꽃 장관을 볼 수 있어 좋기는 했지만 이는 리저브 로스터리가 아니어도 가능하다. 지금보다 조금 한산해진다면 다이칸야마 츠타야 북스를 오가는 길에 한 번쯤 들러봄 직하다.

스타벅스 리저브 로스터리 도쿄(スターバックス リザーブ ロースタリー 東京)
〒153-0042 東京都目黒区青葉台２丁目１９－23

일본
교토

100년의 역사를 입은 스타벅스

교토는 일본 왕조의 옛 수도로 794년부터 1869년까지 약 1천여 년 동안 정치, 경제, 문화, 종교를 이끌었다. 덕분에 천년의 고도라 불리며 수많은 사찰과 신사, 황궁, 정원, 전통 목조 주택을 축적하고 지금까지 유지 보수하고 있다. 도시 전체가 역사를 간직하며 총 17개의 유적지가 세계문화유산에 이름을 올리기도 했다. 덕분에 일본 현지인들에게는 마음의 고향으로, 관광객들에게는 일본 문화의 정수를 느낄 수 있는 랜드마크로 사랑받고 있다. 교토 스타벅스 콘셉트 스토어는 세계문화유산 중 하나인 기요미즈데라^{清水寺}가 위치한 오토와 산^{清水山} 전통 가옥 지구에 자리 잡았다. 기요미즈데라는 778년 발견된 오토와 산 폭포에 관음상을 모시면서 수도 이전부터 불법을 전파하는 절이 되었다. 그만큼 오랜 역사로 유명하기도 하지만 당시 건축 양식에 따라 일본 절로는 드물게 화려함을 자랑하고 있어 조명 받기도 한다. 또한 산 중턱에 녹음이 가득해 봄에는 벚꽃, 여름에는 신록, 가을에는 단풍, 겨울에는 설경이 아름다워 이를 보고자 하는 관광객들이 끊이지 않는다.

기요미즈데라가 있는 오토와 산 길은 기모노 대여점이 즐비해 있어 천년 고도를 몸소 느끼고자 기모노나 유카타를 대여해 입은 사람들로 이색적인 풍경이 만들어진다. 쭉 길을 따라 교토를 대표하는 도자기 판매 상점, 기념

품 가게, 식당, 전통 찻집 등 시끌벅적한 상점가를 지나면 니넨자카^{二寧坂} 계단 밑에 교토 콘셉트 스토어가 나온다. 니넨자카는 807년에 만들어진 계단으로 여기서 내려다보는 교토의 전망이 일품이지만, 넘어지면 2년 안에 죽는다는 속설이 있어 그리 높지 않은 계단 위에서도 넘어지면 큰일 난다는 생각에 풍경 구경은커녕 조심스럽게 발밑을 바라보며 걷게 된다.

스타벅스 교토 니넨자카 야사카차야점은 100년도 더 된 일본 전통 목조 건물 마치야^{町家}를 10년 동안 유지 보수해 특별한 매장으로 만들었다. 멀리서 보기에는 익숙한 녹색 간판이 없어 자칫하면 그냥 지나칠 수도 있지만, 유심히 보면 스타벅스 사이렌 로고가 새겨진 나무 현판을 2층 처마 밑에서 찾을 수 있다. 건물은 2005년까지만 해도 게이샤가 살던 곳으로 용도를 변경해 사용하는 만큼 한정된 공간에 주문 카운터, 음료 제조실, 음료 마시는 곳 등을 배치하기 위해 꼼꼼하게 구역을 나누었다. 일본에서 전통적으로 출입문에 상호를 알리기 위해 걸어두는 노렌暖簾을 지나 들어가면 독특하게도 1층에는 주문 카운터와 음료를 만들고 픽업하는 공간이 별도로 마련되어 있다. 때문에 주문 후에 주문표를 받아 들고 음료 만드는 곳으로 이동해 줄을 서야 한다. 자칫 불편할 수 있는 구조이지만 전통 목조 건물에 이국적인 스타벅스라니! 불편함마저 호기심 가득한 경험으로 탈바꿈 된다. 특히 음료를 만드는 곳으로 가는 통로나 통로 끝 쪽에 있는 작은 일본식 정원을 멍하니 보고 있다 보면 어느새 음료가 완료되어 있기도 하다. 구조가 이렇다 보니 자연히 음료를 받은 후 앉을 자리를 찾게 된다. 앉아서 음료를 마실 수 있는 공간은 1층 복도 사이에 마련된 자리를 제외하고는 모두 2층에 있다. 한 명씩 움직일 수 있는 좁은 계단을 올라가면 일본 전통 다다미 좌석과 일반 좌석이 준비되어 있다. 일본 전통 다다미 좌석은 짚으로 만든 돗자리 바닥에 깔려 있고 나무 소반과 실크 방석이 마련되어 있어 신발을 벗고 들어가 앉아야 한다. 다만 전체적으로 공간이 협소해 내부 인원수에 제한을 두고 있어 일단 안에 들어오면 앉을 수는 있지만 오래 앉아 있기에는 마음이 불편하다. 그럼에도 불구하고 연일 사람이 끊이지 않는 건 비교적 저렴한 비용으로 일본 전통 목조 건물인 마치야를 즐길 수 있기 때문이다.

스타벅스 교토 니넨자카 야사카차야점이 위치한 기요미즈데라 산책길은 스타벅스 외에도 일본 전통 목조 건물에 식당, 카페, 료칸 등이 있다. 하지만 대부분 값비싼 요리 및 서비스를 제공하고 있어 관광객이 방문하기에는 쉽지 않다. 하지만 스타벅스는 가격적인 면에서 확실히 마치야의 진입 장벽을 낮추는 동시에 전통적인 사찰과 신사로 가득한 곳에 자연스럽게 조화를 이루며 교토의 숨결을 담아내고 있다. 특히 각각 다른 모양으로 생긴 매장 안

의 창들은 1층과 2층 모두 다른 분위기를 연출한다. 1층에서 보이는 창밖의 교토는 코다이지 절 같은 아름다운 정원을 담고 있고, 2층 창 너머로는 교토의 전통 가옥들이 자아내는 고즈넉한 풍경이 펼쳐진다. 만인의 찬사를 받고 있는 이곳은 스타벅스 산조 오하시점을 잇는 교토의 랜드마크이자 현지화 사례 중 최고로 꼽힌다. 때문에 오전 8시 오픈 시간을 기점으로 30분 정도 빨리 도착해야 빠르게 주문하고 원하는 자리에 앉을 수 있다.

스타벅스 교토 니넨자카 야사카차야점(スターバックスコーヒー 京都二寧坂ヤサカ茶屋店)
〒605-0826 京都府京都市東山区 高台寺南門通下河原東入桝屋町349番地

블루보틀 커피 ブルーボトルコーヒー

교토에서 도쿄로 수도가 이전하면서 교토의 인구는 급격히 줄었고 남아 있는 주민들은 생활에 의욕을 잃는다. 이러한 상실감을 해소하기 위해 교토는 헤이안쿄平安京 수도 천도 1100년을 기념하는 다양한 프로젝트를 기획한다. 헤이안 진구平安神宮는 프로젝트의 일환으로 헤이안쿄 궁전을 3분의 2 크기로 축소해 만든 신사이다. 완공된 후 초입에 일본의 전통적인 문이자 신을 맞이하는 붉은 기둥인 도리이鳥居를 24미터에 달하게 세웠다. 파란 하늘을 담은 도리이는 건설 당시 거대하고 투박한 콘크리트 외형으로 교토 주민들의 혹평을 받았지만 현재는 헤이안 진구의 상징이 되어 이곳을 방문하는 사람들을 맞이하고 있다. 블루보틀 커피는 헤이안 진구 도리이로부터 수이로카쿠水路閣로까지 가는 길목에 위치해 있다.

블루보틀 커피는 2002년 미국 캘리포니아 주 오클랜드에서 시작해 뉴욕, 워싱턴 디씨, 마이애미, 그리고 일본 도쿄, 교토, 고베, 한국 서울 등으로 확장하고 있는 미국 체인이다. 일본에는 2014년 도쿄에 처음 진출했고, 2018년에 여덟 번째 일본 지점이자 교토의 첫 점포를 오픈했다. 그런데 독특하게

도 교토에서 손꼽히는 번화가나 랜드마크가 아닌 한적한 산책길 속 목조 건물들 사이에 자리를 잡았다. 이곳은 스타벅스 교토 니넨자카 야사카차야점과 같이 100년 된 일본 전통 목조 건물인 마치야를 인수해 유명 건축 사무소 스키마 건축계획スキーマ建築計画의 조 나가사카長坂常와 함께 교토의 예스러움과 조화를 이룰 수 있도록 개조했다. 스키마의 조 나가사카는 한국의 블루보틀 커피 성수점을 건축한 것으로도 유명하다. 이미 마치야에 스타벅스가 자리 잡은 후라 동일한 선택에 부담감이 컸겠지만 교토에서의 첫 시작으로는 최선의 선택이었을 것이다.

교토의 블루보틀 커피는 두 개의 별개의 건물을 사용하며 전면에 보이는 곳을 제품 판매하는 공간으로, 샛길 안쪽으로 이어진 곳을 카페 전용 건물로 활용하고 있다. 두 건물을 잇는 하얀 모래 정원은 별다른 모양은 없지만 하얀 모래만으로도 교토 정원 양식인 가레산스이枯山水를 떠올리게 한다. 모래는 두 건물을 오가는 행렬로 이내 흩어지지만 수시로 점원이 나와 정갈하게 빗어둔다. 매장 내부는 마치야의 옛 정취를 고스란히 느낄 수 있도록 기본 골조는 유지하되 블루보틀 특유의 개방감과 미니멀리즘을 느낄 수 있도록 리모델링을 했다. 높은 천장과 넓은 공간 활용을 위해 2층 사무 공간 부분, 지붕과 나무 기둥, 흙벽을 제외하고는 천장 장식, 가벽 등 불필요한 요소를 모두 제거했다. 또한 자연광이 충분히 들어올 수 있도록 건물 전면을 유리창으로 만들어 어느 자리에서든 따스한 햇살을 맞으며 바깥 풍경을 바라볼 수 있도록 했다. 특히 해가 들 수 없는 가장 안쪽 공간도 배려해 안쪽과 바깥쪽을 마주 보는 벽면을 유리창으로 변경하고 그 사이에 볕이 드는 작은 정원을 꾸며 두었다. 이는 조 나가사카가 추구하는 역사적으로 의미가 담겨있는 주변과의 자연스러운 조화와 햇살이 가져다주는 따뜻함과 평온함이 깃드는 의도가 반영되어 사계절 내내 아름다운 모습을 간직한다.

ブルーボトルコーヒー 京都カフェ
〒606-8437 京都府京都市左京区南禅寺草川町６４

아라비카 アラビカ는 교토에서 시작해 전 세계에 명성을 떨치고 있는 일본 토종 커피 체인 브랜드이다. 이미 13개국 55개의 지점을 운영하고 있어 영국, 프랑스, 중국, 싱가포르, 카타르, 오만, 쿠웨이트 등에서 만나볼 수 있다. 이 중 가장 유명한 지점은 교토를 관통하는 물줄기가 시작되는 아라시야마 嵐山 가쓰라가와 桂川 강변에 2015년 문을 연 2호점으로 강을 바라보며 커피를 즐길 수 있다. 다만 매장 내부에는 앉을 수 있는 자리가 없어 매장 앞 일렬로 늘어선 야외 좌석에 삼삼오오 앉아야만 한다. 가쓰라가와를 한 폭의 풍경화처럼 담고 있는 매장은 이를 보고자 하는 사람들로 평균 20~30분은 기다려야 주문이 가능하다. 하지만 매장에서 커피를 내리는 바리스타 뒤로 보이는 강가의 아름다움이 기다리는 시간이 짧게 느끼게 한다.

2호점에 비해 꽁꽁 숨겨져 있어 아지트 같은 1호점은 다행히 사람이 많지 않은 편이다. 2014년 오픈한 1호점은 완만한 비탈길 위에 우뚝 솟은 오층탑 호칸지 法觀寺를 바라보는 길에 위치해 있다. 호칸지는 589년 고구려승 혜자와 백제승 혜총을 스승으로 둔 쇼토쿠 태자 聖德太子, 574-622가 꿈에서 관음의 계시를 받고, 불교를 널리 알리기 위해 개인 소유의 재산으로 쌓아 올린 일본 최초의 절이다. 내부에 석가의 유골인 사리를 봉납하면서 호칸지라 이름 붙여졌다. 이후 화재와 방화, 세 번의 벼락으로 소멸 위기를 맞이하기도 하지만 재건되어 지금의 모습을 갖추었다.

아라비카는 캘리포니아에서 살다 온 일본인 청년 쇼지 Kenneth Shoji가 '커피를 통해 세상을 보다 See The World Through Coffee'라는 슬로건으로 만들었다. 최고의 커피를 선사하겠다는 포부로 하와이의 커피 농장을 인수하고, 최고의 에스프레소 머신 중 하나를 독점 수입해 매장에 들인다. 또한 라테아트 세계 챔피

언 출신 야마구치 준이치^{山口 潤一}를 스카우트해 협업한다. 매장은 새하얀 바탕에 심플한 아라비카 로고 %가 곳곳에 배치되어 있다. 기본적으로 매장에서는 음료 외에도 디저트, 직접 볶은 커피와 텀블러, 가방, 우산 등을 기념품으로 판매한다. 커피 비즈니스에 필요한 요소를 갖춘 아라비카는 명소를 앞에 두고 힙한 분위기에서 최고의 커피를 마신다는 느낌으로 이를 인증하는 사례가 늘어나고 있다. 교토 1호점의 경우에는 호칸지를 배경으로, 2호점은 가쓰라가와 강변을 배경으로, %가 새겨진 컵을 들고 인증하는 사람들의 사진이 소셜미디어를 타고 전 세계에 전파되고 유형을 만들면서 교토를 찾는 관광객들의 발길을 이끈다. 한국인들에게는 % 로고가 마치 '응'과 비슷하다 하여 '응커피'라 불리며 사랑받고 있다. 호칸지 앞 1호점을 방문했을 당시 운이 좋게도 야마구치 준이치를 볼 수 있었다. 하지만 그는 아쉽게도 5년 여간의 아라비카의 파트너 생활을 마치고 교토에서 또 다른 커피 체인 브랜드 히어^{Here}를 오픈해 운영하고 있다.

アラビカ京都 東山
〒605-0853 京都府京都市東山区星野町87-5

강가 산책길을 따라 자리 잡은 스타벅스

교토는 사방이 산으로 둘러싸여 있으며 동쪽으로는 가모가와[鴨川], 서쪽으로는 가쓰라가와[桂川] 강이 흐른다. 가모가와와 가쓰라가와는 교토를 잇는 물줄기로 아라시야마[嵐山] 도게츠쿄[渡月橋]부터 교토 끝자락을 지나 오사카까지 수 킬로미터를 흘러간다. 강둑은 장마철을 제외하고 수위가 낮아 강을 따라 걸을 수 있는 산책로가 찌는 듯이 더운 교토의 한여름 열기를 식히는 용도로 교토 주민과 관광객들에게 인기가 좋다. 그리고 강둑에는 시원하게 흐르는 강을 조망할 수 있는 테라스 형태의 노료유카[納涼床]가 식당 및 카페에 설치되어 있다. 노료유카는 대부분 5월부터 9월까지 한시적으로 여름철 더위를 피하기 위해 열리며, 이를 포함한 식당과 카페는 여름 한정 가이세키[懷石] 메뉴를 선보이는 등 분주하다. 이러한 모습이 고스란히 교토 스타벅스 한정 제품에 담길 정도로 교토를 대표하는 문화이지만 노료유카가 설치된 곳이 많지 않고 공간 또한 좁은 편이라 예약 및 선점이 쉽지 않다. 그만큼 가격도 만만치 않은 편이다.

스타벅스 교토 산조 오하시점은 교토 번화가인 가와라마치^{河原町}와 자연의 숨결을 느낄 수 있는 다이몬지야마^{大文字山} 사이에 있다. 100석이 넘는 규모로 1층과 2층, 그리고 스타벅스와 이어진 노료유카에서 부담 없이 최고의 풍경을 바라보며 커피를 즐길 수 있다. 1, 2층의 창가 자리는 좌석 배치부터 모두 창을 정면으로 바라보고 있으며, 매장 안쪽 좌석에서도 너른 창으로 언제든 가모가와를 건너는 산조 오하시^{三条大橋} 다리, 다이몬지야마를 모두 눈에 담을 수 있도록 했다. 스타벅스의 노료유카 또한 전통적인 노료유카 야외 테라스 좌석으로 가모가와 둑에 자리 잡아 5월부터 9월까지 한시적으로 운영된다. 다만 비교적 더위가 덜한 5월과 9월은 선선한 바람을 맞으며 오전 11시 30분부터 오후 10시까지 여유롭게 이용할 수 있지만, 찌는 듯한 더위가 휘감는 6월부터 8월까지는 뜨거운 태양을 피해 오후 4시부터 10시까지만 개방한다. 물론 천장이 없는 만큼 날씨에 따라 운영이 불가능할 때도 있다. 특히 비가 오는 날에는 출입이 불가하다. 또한 교토의 유명한 관광지인 니조성二条城과 헤이안 진구平安神宮를 오가는 길목으로 관광객들도 많지만 인근 학교 학생들까지 삼삼오오 모여 자리를 찾는 게 쉽지 않다. 그럼에도 스타벅스 교토 산조 오하시점은 교토의 전통적인 문화를 수용한 좋은 예이자 노료유카를 저렴하게 경험해볼 수 있다는 점에서 교토 여행에서 빼놓을 수 없는 곳이다.

스타벅스 교토 산조 오하시점(スターバックスコーヒー 京都三条大橋店)
〒604-8004 京都府京都市中京区 河原町東入ル中島町113 近江屋ビル 1F

일본 스타벅스 카드

일본 현지 사자비 리그^{Sazaby League} 기업과의 합작으로 탄생한 일본 스타벅스는 일본만의 특색을 입은 콘셉트 스토어를 비롯 기프트 카드, 머그, 텀블러 등을 단독 출시하고 있는데 종류가 다양해 매 시즌마다 일본 스타벅스 제품을 기다리는 사람들 또한 많다. 예를 들어 새해를 맞이해 출시되는 아시아 지역 공통 십이지 제품과 더불어 소원을 비는데 사용하는 일본 전통 인형 다루마^{だるま} 디자인의 머그, 텀블러 등을 함께 선보이는 식이다. 그렇기 때문에 같은 시기 미국, 유럽, 아시아 지역에서 제품이 나오더라도 일본에 한 번 더 눈길이 갈 수밖에 없다.

벚꽃 흩날리는 사쿠라 카드

일반적으로 스타벅스는 봄, 여름, 가을, 겨울 계절마다 동일한 디자인의 기프트 카드와 아시아 일부 지역에 한해서 머그, 텀블러 등을 선보이고 있다. 하지만 일본에서만큼은 겨울과 봄 사이, 봄과 여름 사이 전통 문화를 담은 컬렉션을 출시한다. 가장 대표적인 게 매년 2월 벚꽃 개화시기에 맞춘 사쿠라^{さくら} 컬렉션이다. 사쿠라는 벚꽃이라는 뜻으로 일본은 각지에서 볼 수

있는 벚꽃으로 봄을 맞이하는 고유의 풍습을 가지고 있다. 나라 시대奈良時代, 710-794에 귀족들은 중국에서 전래된 매화를 감상하며 봄을 맞았다고 하는데 이것이 지금 벚꽃놀이의 기원이라고 한다. 이후 에도 시대江戸時代, 1603-1867에는 품종 개량된 벚꽃이 널리 퍼지기 시작하면서 서민에게까지 봄을 맞이하는 행사로 꽃놀이가 전파된다. 벚꽃이 만개할 즈음 졸업식과 입학식이 거행되면서 벚꽃은 일본의 봄을 상징하게 되었고, 봄을 알리는 신호와도 같은 벚꽃 놀이에 수많은 사람들의 이목이 집중되는 만큼 일본에서는 다양한 브랜드에서 이벤트를 열기도 한다. 그중 가장 인기가 좋은 것이 스타벅스 사쿠라 컬렉션이다. 벚꽃이 흩날리는 디자인으로 기프트 카드, 머그, 텀블러, 다이어리 등을 출시하는데 항상 단숨에 품절된다. 덕분에 매장 진열 시기에 맞추어 방문하더라도 쉽사리 구하지 못하는 경우가 대부분이다. 한 번은 사쿠라 컬렉션 득템을 위해 작정하고 일본을 방문해 곳곳을 돌아다녔지만 찾을수가 없었다. 이런 상황을 도쿄 인근 츠쿠바에 살고 있는 친구에게 말했는데 마침 그곳에는 며칠 동안 폭설이 내려 학교 안에 학생들이 없었고 그 덕인지 하나 남아있는 사쿠라 카드를 득템할 수 있었다. 2014년부터는 한국에서도 벚꽃 시기에 맞추어 체리 블라섬Cherry Blossom이라는 명칭으로 기프트 카드와 머그, 텀블러 등을 출시하고 있고 지금은 대만, 중국에서도 만나볼 수 있다.

불꽃이 수놓는 하나비 카드

일본의 봄에 벚꽃 놀이가 있다면 여름에는 불꽃놀이가 있다. 에도 시대^江
^{戸時代, 1603-1867} 유행한 전염병으로 많은 사람들이 죽어 이들의 넋을 달래기 위
해 추석 전 하늘에 꽃을 수놓은 불꽃놀이를 시작했다고 한다. 지금은 주로 7
월부터 9월까지 하는데 가정에서는 물론 전국 방방곡곡에서 불꽃놀이가 개
최된다. 그리고 이를 기념해 스타벅스는 일본어로 불꽃을 뜻하는 하나비^{はな}
^び 컬렉션을 출시한다. 카드에는 불꽃의 모습을 형상화한 일러스트와 함께
HANABI 영문 표기가 들어간다. . 컬렉션은 사쿠라 컬렉션만큼은 아니지만
역시 구하기가 쉽지 않다. 운이 좋게도 친구가 2016년 하나 득템해 주었고
2018년, 2019년에는 마침 일본을 여행하고 있어 득템할 수 있었다. '불꽃놀
이' 하면 미국의 독립기념일을 빼놓을 수 없지만 의외로 일본에서만 출시되
는 특별한 카드이다.

일본
고베

친구와 함께 일본 3대 전통 온천을 찾아가겠다며 오사카에서 고베를 지나 낯선 산속까지 먼 길을 찾아갔다. 이곳은 나라 시대奈良時代, 710-794부터 내려온 일본에서 가장 오래된 온천 중 하나인 아리마 온천有馬溫泉으로 철분이 함유된 킨노유金の湯, 탄산 원천인 긴노유銀の湯가 유명하다. 산 굽이굽이 온천을 찾아가는 길은 이미 힐링 그 자체였고, 가까스로 빗길을 뚫고 도착한 긴노유는 생각 외로 작았지만 온천욕을 즐기기에는 부족함이 없었다. 온천 후 불긋해진 얼굴을 하고 잠시나마 고베를 둘러보고자 구글 지도도 없던 시절 종이 지도를 들고 언덕길을 헤맸다. 친구와 나는 둘 다 빵을 좋아해서 빵 맛 좋기로 유명한 고베를 그냥 지나칠 수 없었기 때문이다. 그리고 외국인들이 살던 항구 도시에 자리 잡은 이국적인 스타벅스 또한 궁금했다.

서양식 주택에 자리 잡은 스타벅스

고베는 일본 문화 개화의 시기인 메이지 시대明治時代, 1868-1912를 맞이하며 외국 선박에 항구를 개방한다. 그러면서 미국, 유럽 등지에서 들어온 외국인들이 모여들게 되고, 일본 정부는 바다와 이어진 산비탈의 기타노 지역北野町을 외국인 거주 지역으로 분류한다. 이곳에 외국인들이 직접 지은 서양식 건물 300채 정도가 자리 잡으며 일본에서 가장 이국적인 마을이 형성됐다. 하지만 전쟁, 지진, 유지 관리의 소홀로 현재는 영사관 건물, 신고딕 양식의 주택, 외국인 전용 고급 임대 주택 등 30여 채 정도만 남아있다.

당시의 서양식 건물은 일본에서의 역사적인 의미가 남달라 이를 보고자 하는 현지 관광객들이 늘어나기 시작하면서 일부를 유료로 공개하고 있다. 당시 외국인들의 생활상은 고베 시민들과도 융합되어 일부 문화에 남아있다. 특히 고베항을 통해 커피를 수입하고 체류했던 외국인들을 대상으로 베이커리와 커피 하우스가 생겨나면서 고베 시민들 또한 빵과 커피를 접하게 되었고, 관련 문화를 이끌어 나가는 발신자가 되기도 한다. 개중에는 문화 개화 시기부터 자리를 지켜온 베이커리와 커피 하우스도 찾을 수 있다. 1987년에는 일본 최초이자 유일하게 항구 자리였던 포트 아일랜드ポートアイランド에 커피 전문 박물관을 연다.

스타벅스 고베 기타노 이진칸점은 1907년 기타노 지역에 세워진 목조 건물로 미국인 거주자를 위해 지어진 주택이었다. 이후 1995년 한신 대지진으로 심하게 파손되어 철거될 운명을 맞이하지만, 건물의 소유가 고베 시로 이전되면서 파손된 부분을 유지 보수해 지금의 모습을 되찾고 유형 문화재로 지정된다. 그리고 2009년 스타벅스의 콘셉트 스토어가 입점했다. 그때는 콘셉트 스토어라는 개념도 없어 그저 '일본 속 서양식 주택'에 입점한 스타벅스로 인기를 얻었다. 나무로 된 2층 주택은 〈빨간 머리 앤〉에 나올 법한 하얀 바탕에 초록색 테두리와 지붕을 가진 건물로 멀리서도 이목을 끈다. 스타벅스 로고 또한 나무로 되어 있는데 이곳이 오픈할 당시의 스타벅스 사이렌 로고를 그대로 사용하고 있다. 유형 문화재로 분류되어 있어 그럴 수도 있지만 건물 외관과 같이 내부 또한 초기 설계 구성 그대로 사용하고 있다. 거주자를 위한 주택으로 설계된 건물이다 보니 공간이 각각 방으로 나누어져 있

다. 때문에 마치 메이지 시대에 미국인의 집에 초대받은 일본인이 서양식 주택은 물론 커피를 처음 경험해 보는 신비로운 느낌 그대로 느낄 수 있다. 각 방마다 분위기가 달라 원하는 스타일에 따라 즐길 수 있는데 1층 홀에는 큼지막한 창이 있어 기타노 지역의 분위기를 내외부로 느낄 수 있고, 2층은 골동품 가구를 비롯 벽난로, 오래된 타자기와 책으로 가득한 서재 분위기가 난다. 공간도 넓고 좌석도 많지만 항상 사람이 많아 매장에 들어서자마자 자리를 잡는 것이 중요하다. 메뉴는 고베의 특색을 반영한 것들을 추천한다. 개인적으로 레몬치즈 스콘이 가장 맛이 좋았다.

스타벅스 커피 고베 기타노이진칸(スターバックスコーヒー 神戸北野異人館店)
〒650-0002 兵庫県神戸市中央区北野町３丁目１−31 北野物語館

일본
후쿠오카

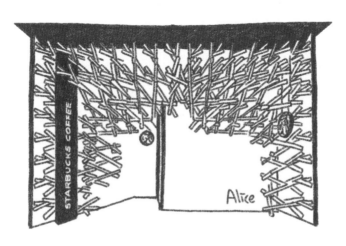

　일본 후쿠오카는 나 홀로 떠나는 해외여행의 첫 목적지였다. 그 때문일까 가깝고도 먼 나라 일본은 한동안 애정하는 여행지였다. 비행 거리가 짧아 지금은 저비용 항공사 운항이 많지만, 저비용 항공사가 출현하기 전까지는 지역에 따라 다르지만 배를 타고 저렴한 비용으로 오갈 수도 있었다. 부산에서 후쿠오카까지는 배의 속도에 따라 최소 3시간, 최대 8시간 정도 걸리고, 2등실에 탄다는 가정 하에 10만 원대면 무난하게 티켓을 구입할 수 있었다. 가장 저렴한 8시간 배는 부산항에서 오후 10시 30분에 출발해 후쿠오카 하카타항^{博多港}에 오전 6시 도착하는 일정으로 푹 자고 일어나면 어느새 일본 땅을 밟게 된다. 첫 나 홀로 여행이었던 만큼 직접 아르바이트해 모은 돈으로 길게 가고 싶어 비교적 저렴한 이동 수단, 저렴한 숙소를 선택했는데 그때 그 경험이 나 홀로 여행의 두려움을 벗겨주고 단련시켜 주었다. 덕분에 그다음 나 홀로 여행은 유럽, 미국이 될 수 있었다.

현대를 살고 있는 후쿠오카

후쿠오카의 하카타는 규슈 전 지역을 연결하는 교통 단지로서 365일 사람들이 끊이지 않는다. 덕분에 주변에는 대형 백화점, 쇼핑몰, 여러 맛집이 모여 있어 후쿠오카에 오면 가장 먼저 들르게 되는 곳이다. 어디로든 이동을 하려면 이곳을 지나치지 않을 수 없다. 하카타에서 출발해 닿는 곳은 쇼핑 천국이라 불리는 거대한 아케이드 텐진, 협곡을 재현한 대형 쇼핑센터 캐널시티 하카타, 명물로 꼽히는 강변의 포장마차촌 나카스, 황금빛 노을과 화려한 야경을 모두 볼 수 있는 후쿠오카 타워, 이국적인 해변 공원의 시사이드 모모치, 130여 년의 역사를 자랑하는 아사히 맥주 공장, 그리고 가까운 곳에 온천 여행하기 좋은 유후인과 벳부, 100년 전 풍경이 어우러진 기타큐슈 등이 있다. 작지만 알찬 후쿠오카는 짧은 기간 일본을 느낄 수 있는 근대와 현재가 공존하는 곳으로 한국의 대구를 연상시킨다.

후쿠오카에서 현재를 맡고 있는 캐널시티 하카타는 도쿄의 롯폰기 힐즈, 오사카 난바 파크 등을 설계한 건축가 존 저드^{John Jerde}의 1996년 작품으로 협곡을 재현한 건물은 인공 운하를 따라 유려한 곡선을 그린다. 10년도 전에 처음 캐널시티 하카타를 봤을 땐 우주 비행선을 보는 것 같다며 여기가 미래도시라고 생각했는데 세월이 흐른 후 마주한 모습은 할아버지의 옛 클래식 자동차를 보는 것처럼 후쿠오카의 현재 모습을 닮았다는 생각이 들었다. 하지만 운하와 연결된 무대의 분수쇼와 영상쇼는 여전히 화려했고 아름다웠다. 협곡은 오래되었지만 이곳을 채우는 200여 개의 상점은 지금 가장 인기 있고 비전 있는 브랜드의 매장이다. 그리고 그 자리에 무인양품^{無印良品}에서 운영하는 무지 카페^{Cafe MUJI}가 들어섰다.

캐널시티 하카타의 무인양품 매장은 큼지막한 편이라 매장도 구경하고 카페도 즐기기에 좋다. 재료 본연의 맛을 느낄 수 있도록 하는, 일본 최고의 브랜드가 추구하는 가치를 맛으로 느낄 수 있는 기회이다. 덕분에 방문할 때마다 자리를 차지하기 어렵지만 한번 앉고 나면 이것저것 먹고 싶은 게 많아진다. 그중 가장 추천하는 건 캐러멜 에그 푸딩. 좋은 환경에서 좋은 사료만 먹고 자란 암탉이 낳은 사쿠라 달걀을 사용해 만든 디저트로 무지 카페의 취지를 엿볼 수 있는 메뉴인 동시에 맛도 좋다. 참고로 디저트와 음료가 담겨 나오는 식기를 비롯 가구, 점원들이 입은 유니폼 모두 무인양품의 제품이다.

Cafe MUJI
〒812-0018 福岡県福岡市博多区住吉１丁目２－１ノースビル３F

그리고 과거를 벗고 새롭게 태어난 오호리 공원^{大濠公園}이 있다. 소실된 옛 후쿠오카 성 옆에 성보다 더 큰 크기의 연못을 공원으로 조성해 누구나 오고 갈 수 있는 장소로 마련해 두었다. 연못 둘레에는 조깅 코스와 자전거 도로를 만들어 아침 일찍, 저녁 해질녘에 조깅을 하거나 자전거를 타며 운동하는 사람들도 볼 수 있고, 연못의 작은 섬 세 개를 연결한 다리와 작은 정자는 아름다운 연못을 다각도로 조망할 수 있어 연인들과 관광객들을 유혹한다. 그뿐만 아니라 아이들이 뛰어놀 수 있는 공간, 백조 보트를 탈 수 있는 곳도 있고, 여름에는 6,000발 이상을 쏘는 불꽃놀이가 열리는 등 다양한 구성으로 너무 추운 겨울이 아니라면 항상 활기차다. 사람들이 붐비는 곳인 만큼 둘레 길에는 카페 및 레스토랑 등이 자리 잡고 있으며 아름다운 공원의 경관을 담은 스타벅스 또한 위치해 있다.

스타벅스 오호리 공원점은 주변 환경과 어우러지도록 설계되었으며 공원에 있는 만큼 미국 그린 빌딩 협의회U.S. Green Building Council로부터 친환경적인 건물임을 인증하는 LEED를 받았다. 또 전력 및 수은 사용량을 줄이기 위해 LED 조명 사용은 물론 규슈九州 지역 키리시마霧島에서 장성한 삼나무를 있는 모습 그대로 활용해 매장 내 테이블로 만들었다. 덕분에 스타벅스 매장에서 흔히 볼 수 있었던 타원형의 테이블 대신 나무의 결을 그대로 살린 테이블이 중앙과 창가에 배치되어 있다. 이와 같이 매장 전체적으로 나무를 사용해 인테리어 함으로써 전면을 두른 통창 밖 오호리 공원과 함께 어우러져 편안한 분위기를 자아낸다. 또한 매장 내 대부분의 좌석을 창쪽으로 바라보도록 배치해 어느 자리에서든 오호리 공원의 모습을 눈에 담을 수 있다.

스타벅스 커피 오호리 공원점(スターバックスコーヒー 福岡大濠公園店)
〒810-0051 福岡県福岡市中央区大濠公園 1 － 8

과거에 살고 있는 후쿠오카

다자이후 텐만구太宰府天満宮는 919
년 지어져 학문의 신을 모시고 있
는 주요 문화재로 후쿠오카 시내에
서 열차를 타고 40분 정도 걸린다.
학문의 신인 스기와라 미치자네菅原
道真, 845-903는 이곳의 모든 역사와 귀
결된다. 그는 교토에서 신동으로 태
어나 나이를 더할수록 재능이 빛을
발해 각종 관직을 두루 섭렵했다고
한다. 55세에는 나라의 중책을 맡
아 영예를 누렸으며 훌륭한 정치가
로 명망 또한 높았다. 하지만 이에
비례해 주변의 시기와 질투도 높아
져 901년 음모에 휘말려 다자이후
로 좌천당하고 2년 뒤 억울하게 세
상을 뜨고 만다. 장례식 날 우마차

에 실려 장지로 향하던 중 갑자기 소가 걸음을 멈추어 꼼짝도 하지 않아 어쩔 수 없이 그 자리에 묻고 절을 세우는데 바로 그곳이 지금의 신사 자리이다. 그 뒤 공교롭게도 그의 좌천에 가담한 이들은 모두 변고를 당하고 엎친 데 덮친 격으로 교토에 재난이 끊이지 않자 조정에서는 그의 저주가 내린 것이라며 술렁이기 시작한다. 그래서 그의 혼을 달래고자 그를 모신 절에 사당을 세워 다자이후 텐만구를 만들고 학문의 신으로 추대한다. 입구에 세워진 우마차를 끌던 소 동상의 머리를 쓰다듬으면 머리가 좋아진다는 설이 있어 소 머리 부분이 반질반질하다. 내부로 들어가는 길에 만나는 연못 위 세 개의 다리는 과거와 현재, 미래를 각각 뜻하는데, 다리를 건너는 동안 근심하고 염려하는 생각을 떨치고 경내로 들어오라는 의미가 담겨있다. 천년의 역사를 간직한 예스러운 신사는 학문의 신을 모시는 만큼 입시철뿐만 아니라 상시 참배객들의 발길이 끊이지 않는다. 때문에 소원을 적어 둔 에마絵馬 걸이만 하더라도 신사 앞 뒤편에 어마어마하게 달려 있다.

다자이후 텐만구로 향하는 길은 다자이후 역에서부터 시작된다. 곱게 뻗은 길은 참배의 길이라 부르며 옛날에는 신사에 바칠 공물을 사거나 참배를 마친 후 식사를 하던 곳이었다. 하지만 지금은 건물 자체는 전통적인 일본 상점 그대로 남아 있지만 기념품을 판매하거나 군것질거리, 음식을 판매하는 등의 상점으로 바뀌어 있다. 그나마 스기와라 미치자네가 좌천되어 왔을 때 그를 위로하기 위해 한 노파가 매화 가지에 떡을 끼워 건넨 것에서 유래되었다는 매화 꽃무늬의 찹쌀떡 우메가에 모찌梅ヶ枝餅가 옛 건물들과 함께 명맥을 잇고 있다. 그리고 이곳에 또 다른 명물인 스타벅스 다자이후텐만구 오모테산도점이 있다. 일본 건축계의 거장 쿠마 겐고隈 研吾의 설계로 탄생한 이 콘셉트 스토어는 일본의 전통적인 목조 건축과 목공예를 현대적으로 재해석한 특별한 공간이다. 내부에서 외부까지 이어지는 약 2,000여 개의 나무 막대기는 네모난 상자 안에 넣어 둔 나무 바구니처럼 안쪽을 감싸고 있다. 천장에는 나무 틈 사이로 들어오는 자연 채광과 나무 막대기처럼 만든 조명이 은은하게 빛나 따뜻한 분위기를 형성한다. 매장에는 스기와라 미치자네와 인연이 깊은 매화 그림이 있고, 규슈 북서쪽 겐카이幻海 바다를 형상화한 지그재그의 소파 의자가 있다. 후쿠오카를 여행한다면 현대에서 자연으로 돌아가고자 하는 오호리 공원의 스타벅스, 과거에서 현대로의 융합을 꿈꾸는 다자이후의 스타벅스는 꼭 들러볼 만하다.

스타벅스 커피 다자이후텐만구 오모테산도점(スターバックスコーヒー 太宰府天満宮表参道店)
〒818-0117 福岡県太宰府市宰府3丁目2 −43

미국
시애틀

미국 시애틀은 주요 항공사의 허브 공항으로 미국 동부, 캐나다, 알래스카로 향하는 비교적 저렴한 항공권을 구하기 좋고, 일석이조로 레이오버 또는 스탑오버로 반나절에서 이틀 정도 시애틀에 머물며 여행할 수 있어 더욱더 좋다. 최근에는 인근 포틀랜드가 함께 떠오르면서 포틀랜드로 가는 길목으로 활용되고 있기도 하다. 그렇게 레이오버로 몇 시간을 시애틀에 머물며 스타벅스 1호점에 방문한 적이 있다. 그때 그 기억을 바탕으로 원고를 작성하려다가 기회가 닿아 5일 동안 스타벅스의 본고장 시애틀에서 머물며 원고를 작성할 수 있었다. 오랜만에 다시 찾은 시애틀은 최근 다녀온 미국의 다른 주들에 비해 입국 심사가 까다로웠고, 입국 후 심사까지만 2시간 30분, 개인적으로 입국 심사에 최장 시간을 기록했다. 물론 새롭게 만든 여권과 ESTA 서류 문제도 있었지만 그 어느 때보다도 고생스럽게 미국에 입성했다.

자연과 어우러진 산업지구 시애틀

시애틀은 워싱턴 주의 항구 도시로 아시아 무역을 위한 주요 관문 역할을 수행하는 도시이다. 컨테이너 처리 양만 미국에서 8번째로, 바닷길 주변에 큰 컨테이너들이 가득 차 시야를 가리기도 한다. 일찍이 무역항으로 활용되며 상업, 조선업을 위주로 주요 산업이 형성되고, IT 회사, 소프트웨어 산업, 생명 공학 등 기술 중심지로 부상하면서 아마존^{Amazon}, 마이크로소프트^{Microsoft}, 익스피디아^{Expedia}, 노드스트롬^{Nordstrom} 등의 본사도 이곳에 위치해 있다. 마이크로소프트의 설립자인 빌 게이츠^{Bill Gates}의 으리으리한 집이 이곳에 있는 것으로도 유명하며, 세계 최대 규모의 보잉사 조립 공장이나 아마존을 체험할 수 있는 관광 코스 또한 유명하다. 또한 노드스트롬의 옷과 액세서리 등이 계절이 지나면 노드스트롬 랙^{Nordstrom Rack}에서 저렴한 가격에 판매되고 있어 쇼핑하기에도 좋다. 레이오버로 방문했을 땐 3시간짜리 보잉사 조립 공장 투어를 신청해 여행하고, 이번에는 아마존 고^{Amazon Go}를 체험할 수 있는 매장과 노드스트롬 랙에서의 쇼핑을 선택해 캐리어를 한가득 채웠다. 나열된 회사만으로는 일반적으로 관광객들이 여행하기에 턱없이 부족한 볼거리, 즐길 거리라 할 수 있지만 시애틀은 삭막한 산업지구와 대비되는 아름다운 자연환경을 가지고 있다.

시애틀의 자연 지형은 바다를 둘러싼 산악 지형으로 현대 문명의 산업 시찰지와도 같은 도심을 자연이 따뜻하게 품고 있다고 해도 과언이 아니다. 도시 곳곳에는 크고 작은 산들이 있고, 무엇보다도 만년설로  유명한 레이니어 산^{Mount Rainier}이 있다. 레이니어 산은 시애틀에서 남동쪽으로 약 114km 떨어진 활화산으로 상층부에는 빙하가, 중앙에는 침엽수림이 무성하고, 그 밑으로 너른 초원과 폭포, 호수 등이 있어 완벽한 대자연의 모습을 갖추고 있다. 초원에는 다양한 야생화들과 야생 동물들이 서식하고 있어 1899년부터 시애틀은 이곳을 국립공원으로 지정하고 야생과 산림을 보호하고 있다. 시애틀 곳곳에서 신기루처럼 보이는 레이니어 산에는 국립공원을 가로지르는 자동차 도로가 있어 많은 등산객, 관광객들이 모여든다. 시애틀 여행 일정이 일주일 이상이고 차를 이용할 수 있다면 꼭 방문할만한 가치가 있다. 하지만 나는 방문할 때마다 일정이 짧아 레이니어 산으로 가는 길만 여러 번 찾아봤을 뿐 직접 가보지 못했다. 그런데 이번 여행에서 일정을 마치고 공항으로 돌아가는 길, 운이 좋게도 날이 좋아 우버 안에서 도로를 달리는 동안 오랜 시간 멀리 있는 레이니어 산을 훤히 볼 수 있었다. 그 모습을 보며 이번에는 스타벅스를 방문하기 위해 이곳에 왔지만 다음에는 꼭 레이니어 산을 가리라 마음먹었다.

커피가 잘 어울리는 도시

산과 바다에 둘러싸여 있는 시애틀은 눈을 돌리는 곳마다 아름다운 자연과 어우러진 도심의 모습을 볼 수 있다. 하지만 지리적 여건상 맑은 날보다 비가 내리고 안개가 끼는 회색빛 날이 많은 편이다. 때문에 날씨의 영향을 많이 받는 여행객이라면 꺼릴 수 있는 여행지이다. 그래도 비가 추적추적 내리는 스산한 분위기를 압도하는 진한 커피 향과 함께 카페에서 여유를 즐기고 있노라면 그 나름으로도 멋이 되는 곳이다. 또한 산과 바다에서 나는 온갖 진귀한 것들 덕분에 '미국 음식은 맛이 떨어진다'라는 평과는 달리 시애틀에서만큼은 맛깔진 산해진미를 맛보는 호사를 누렸다. 특히 5일이라는 짧은 시간 동안 미국 동부에 살고 있는 친구가 나를 보기 위해 시애틀까지 와 주었고 함께 식도락을 즐겨 주었다. 그리고 시애틀에 살고 있는 선배는 반나절을 할애해 시애틀 곳곳을 소개해 주기도 하고, 책을 쓰고 있다는 말에 로컬 카페를 데려가 주어 스타벅스 방문뿐만 아니라 카페 여행으로서도 풍성하게 해주었다.

시애틀은 1960년대 후반부터 1970년대 초반까지 커피 하우스가 자리 잡기 시작해 도심 전역으로 확장되었다. 많은 사람들이 커피에 매료되어 작은 커피 하우스부터 비교적 규모가 있는 커피 하우스, 드라이브 스루^{Drive-Through}, 커피 원두 배송 등 다양한 경로로 커피에 취하기 시작했다. 미국 커피 산업을 위한 최초의 협회이자 미국에서 가장 오래된 무역 협회인 NCA^{미국 커피 협회,} National Coffee Association에 따르면 최근 포틀랜드와 샌프란시스코에 1, 2위를 내주기 전, 시애틀은 2017년까지 매해 1위를 놓치지 않았을 정도로 오랜 기간 가장 많은 커피를 소비하는 도시였다. 시애틀은 스타벅스의 본거지로 유명하지만, 튤리스 커피^{Tully's Coffee}, 시애틀의 베스트 커피^{Seattle's Best Coffee} 프랜차이즈 또한 이곳에서 시작했다. 튤리스 커피는 1992년 워싱턴 주 켄트^{Kent}에서 시작해 시애틀에서 두 번째로 큰 커피 전문점으로 성장했으며 한때 스타벅스와 함께 세계적인 경쟁을 벌였다. 하지만 아쉽게도 지금은 파산 후 일본을 제외하고 전 지점 철수했다. 시애틀에서 독립 카페를 방문하러 가던 길에 미처 간판도 떼지 못하고 쓸쓸히 남아 있는 튤리스 커피를 발견했는데, 그 모습이 처량하고 안타까우면서도 고객들의 마음이 한결같지 않아 언제든 사라질 수 있는 것이 브랜드의 숙명이 아닌가 싶었다. 반면 시애틀의 베스트 커피는 스타벅스에 인수되어 결론적으로는 현재 시애틀에서는 스타벅스만이 남아 독주하고 있는 상황이다.

여기가 바로 스타벅스 1호점이야

시애틀에서 가장 많은 관광객들이 찾는 곳을 꼽자면 파이크 플레이스 마켓^{Pike Place Market}과 스타벅스^{Starbucks} 1호점일 것이다. 파이크 플레이스 마켓은 시애틀을 둘러싼 바다를 통해 들어오는 신선한 해산물을 맛볼 수 있는 한국의 수산시장 같은 곳이다. 하지만 주로 생굴^{Oysters}, 클램 차우더^{Clam Chowder}, 피시앤칩스^{Fish and Chips} 등 생굴을 제외하고는 생으로 먹는 것보다 끓이고 튀기는 음식들이 많다. 클램 차우더나 피시앤칩스는 시장 안쪽에 맛이 좋은 상점들이 많아 인기가 좋은 곳은 40분에서 1시간 정도 줄을 서야 하는 경우도 있다. 보통 기다리는 걸 좋아하지 않지만 멀리 와서 먹어보는 음식이라 40분 정도를 기다렸다. 그리고 드디어 차례가 되어 메뉴를 보니 의외로 한국어 메뉴판이 준비되어 있어 다양한 메뉴 구성에도 쉽게 주문을 했다. 주문을 한 후에도 10분 정도 음식을 기다려야 했지만 따끈하게 나온 클램 차우더와 랍스터 샌드위치는 기다린 시간이 아깝지 않을 정도로 맛이 좋았다. 그리고 파이크 플레이스 마켓에서 5분도 걸리지 않는 곳에 위치한 세계 최고의 커피 체인을 전개하고 있는 스타벅스 1호점을 방문했다. 파이크 플레이스 마켓에서 짭조름한 해산물 요리를 먹은 후 이곳에서만 마실 수 있는 파이크 플레이스 스페셜 리저브Pike Place Special Reserve 한 잔을 마시면 뒷맛이 말끔해지는 것을 느낄 수 있다.

스타벅스는 1971년 시애틀 커피 문화 형성에 열정을 가진 세 청년 고든 보커Gordon Bowker, 제럴드 볼드윈Gerald Baldwin, 지브 시글Zev Siegl이 모여 시작했다. 처음에는 정식 상점이 아닌 가판대로 현재 스타벅스 1호점에서 내다보이는 바다 앞 웨스턴 구역Western Avenue 빅토르 스테인브루엑 공원Victor Steinbrueck Park에서 문을 열었고, 커피 음료가 아닌 질 좋은 원두로 유명한 캘리포니아 주 버크릴의 피츠 커피Peet's Coffee and Tea 원두를 대량 구입해 판매했었다. 그리고 몇 년이 지난 후 지금의 1912번지로 자리를 옮기고 바다를 항해하는 배와 같

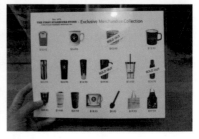

Starbucks
1912 Pike Pl, Seattle, WA 98101, United States

은 콘셉트로 정식 매장을 오픈했다. 매장 앞에는 번지수인 1912가 큼지막하게 적혀있는데 이를 스타벅스 설립 연도로 오해하는 웃지 못할 상황도 종종 벌어진다.

세월이 흘러 스타벅스가 세계적인 관심을 받게 되자 1호점은 역사적으로 중요한 장소가 되었으며, 몇 번이나 바뀐 로고 대신 1971년 초기 로고를 그대로 사용하고 있는 유일한 매장이다. 덕분에 그 상징성을 찾아온 관광객들로 연일 붐빈다. 오전 6시부터 오후 9시까지 긴 시간 영업을 하지만 긴 대기줄이 오전 9시부터 오후 7시까지 10시간 동안 줄어들지 않는다. 공휴일 또는 국경일이면 아주 오랜 시간을 기다려야 할 때도 있다. 나는 주말과 국경일을 모두 끼고 방문하는 일정이라 비싸지만 파이크 플레이스 마켓 바로 전 블록에 위치한 호텔을 예약했다. 스타벅스까지 뛰어서 8분 거리에 위치한 호텔 덕에 사람들이 가장 붐비는 시간을 피해 여유롭게 방문하고 유아히어 컬렉션 중 파이크 플레이스 한정판도 구할 수 있었다.

제3의 공간을 지향하는 다른 매장들과 달리 조금 협소한 1호점은 테이크아웃 매장으로 한정 로스팅 원두와 제품을 판매하는 진열장이 주를 이루고 있다. 때문에 매장 한가운데 커피 주문 줄을 서고 왼쪽에는 한정 제품 진열장, 오른쪽은 제품을 주문, 결제하고 수령하는 공간으로 활용된다. 1호점 한정 제품은 구성이 좋아 시애틀 여행 기념품으로 인기가 높은데, 때문에 오후만 되면 대부분의 제품이 'Sold Out(품절)' 표시가 붙게 된다. 하지만 품절 표시는 당일 판매 수량에 대한 표시일 뿐 다음 날이면 다시 재고가 생기니 안심해도 된다. 물론 주말이나 공휴일, 국경일에는 제품 수급이 되지 않아 품절 표시가 더 오래 붙어있기도 하다.

CAFE LIST

우즈 커피 Woods Coffee

오랜 시간 워싱턴 주가 시애틀을 중심으로 돌아갔다면, 지금은 점차 많은 부분이 강 건너 벨뷰 지역으로 이전하고 있다. 벨뷰는 계획도시로 시애틀의 장점인 자연 경관과 새로운 도시의 장점인 편의 시설을 적절히 섞어 정돈된 매력이 있는 도시이다. 다운타운 공원 Downtown Park 주변으로 형성된 링컨 스퀘어 Lincoln Square, 벨뷰 스퀘어 Bellevue Square, 벨뷰 플라자 Bellevue Plaza에는 호텔, 기업, 쇼핑몰이 한데 어우러져 있다. 덕분에 여행객, 회사원, 로컬 주민들의 생활 터전으로 현지인들의 리얼한 삶을 엿볼 수도 있고, 브랜드 팝업 스토어 및 다양한 상점들이 있어 실험적이고 독특한 디저트 카페를 만나 볼 수도 있다. 그래서인지 시애틀에서 살고 있는 선배 또한 30분 정도 벨뷰로 이동해 카페들을 안내해 주었다.

그중 우즈 커피는 2002년 워싱턴 주 린든 지역의 허먼 Herman 가족이 설립한 커피 전문 체인점으로, 오픈 6개월 만에 같은 마을에 두 번째 매장을 열 정도로 급격한 사랑을 받으며 꾸준히 성장해 나갔다. 현재는 린든을 넘어 워싱턴 주 안에서 벨뷰, 벨링햄, 블레인 등 총 18개의 지점을 운영하고 있으며 드라이브 스루 매장도 오픈해 접근성도 높아졌다. '모험'을 테마로 한 우즈 커피는 시애틀의 상징 레이니어 산을 형상화한 로고에 오두막, 산장 등을 연상시키는 인테리어와 소품, 제품 구성으로 유명하다. 덕분에 일반 가정에서뿐만 아니라 캠핑 용품으로도 손색없는 제품들이 인기가 좋다. 지금도 그때 매장에서 사지 않은 캠핑용 머그와 맥주 컵이 아른거린다.

음료는 일반적인 카페 메뉴인 에스프레소, 아메리카노, 화이트 모카, 핫초콜릿 등이 있지만 으슬으슬한 시애틀 날씨에 마시기 좋은 캐러멜 애플 사이다, 런던 포그 등 우즈 커피의 테마 음료들도 있어 골라 마시는 재미가 있다. 또한 지속적으로 레시피를 개발하며 베이커리 메뉴에도 변화를 주고 있는데, 매장에서 매일 아침 신선한 빵을 굽기 때문에 매장 가득한 고소한 빵 냄새가 방문자들을 유혹한다.

700 Bellevue Way NE #140, Bellevue, WA 98004, United States

자이트가이스트 커피Zeitgeist Coffee

자이트가이스트 커피는 1990년대 킹 스트리트King Street Station 역 인근에 오픈한 시애틀에서 가장 오래된 커피 하우스 중 하나이다. 현지인이 꼽은 시애틀 베스트 커피로 아침 식사는 물론 훌륭한 점심 식사 또한 판매하고 있으며, 주변 예술가들의 작품을 선보이기도 하는 등 지역을 생각하는 갤러리 겸 카페이다. 독립된 동네 카페이지만 주변 직장인들을 비롯 역을 찾는 여행객, 거주민들도 즐겨 찾는 곳으로 자이트가이스트 커피 자체 기프트 카드, 선물용 엽서 등 다양한 제품들도 판매하고 있다. 많은 언론에서도 '시애틀에서 꼭 가봐야 하는 카페'로 꼽는 만큼 처음 레이오버로 시애틀에 방문했을 때 주변 분들께 적극 추천받았던 곳이기도 하다.

　자이트가이스트 커피는 시애틀의 전체적인 분위기와 닮은 낡은 벽돌, 정제되지 않은 날것의 건축 구조물, 오래된 골동품, 그리고 오랜 시간 커피를 내리며 수고했을 집기들이 어우러져 앤티크한 분위기를 낸다. 친구와 자리 잡은 테이블이 브런치를 즐기는 동안 삐걱거렸지만 낡아빠진 테이블도 의자도 모두 전체적인 분위기에 녹아들어 더없이 자연스러워 분위기에 취해 식사를 마쳤다. 메뉴는 지역의 신선한 재료를 사용한 식사 메뉴와 자이트가이스트 커피의 자랑인 에스프레소, 카페라떼 등이 있다. 아침 식사로 샌드위치를 먹었는데 한 입 베어 물고 맛에 감탄하며 단숨에 먹어 치워 버렸다. 오전 8시부터 9시까지 주변 직장인들의 분주한 출근길 아침 식사가 이루어지는 곳이니 굳이 혼잡함을 체험하고자 하는 것이 아니라면 해당 시간대는 피하는 곳이 좋을 정도로 사람이 많다.

171 S Jackson St, Seattle, WA 98104, United States

자유분방한 느낌 그대로

스타벅스 1호점에서 파이크 스트리트^{Pike Street} 언덕으로 열 블록 올라가면 스타벅스 리저브 로스터리 앤 테이스팅 룸^{Starbucks Reserve Roastery & Tasting Room}을 만날 수 있다. 이곳은 지금의 스타벅스를 만든 하워드 슐츠의

이탈리아 밀라노 커피 여행기의 결정체라 할 수 있지만, 개인적으로 상하이, 밀라노, 뉴욕 등 다른 리저브 로스터리에 비해 비교적 뒤늦게 방문해 더 이상 크게 놀랄 일은 없었다. 새하얀 대리석 외관에 철제로 만든 오리지널 스타벅스 로고와 창틀, 통창으로 이루어진 외관에 두터운 나무 문을 열고 들어서면 벌목이 주요 산업이었던 시애틀을 반영하듯 천장, 벽면, 조명, 계단 등 눈에 들어오는 모든 면이 나무로 되어 있다. 덕분에 421평의 큰 규모에도 산장이라 해도 믿을 만큼 아늑한 분위기를 가진 공간으로, 에스프레소 바, 로스팅 룸, 베이커리, 커피 관련 서적 도서관, 시애틀 지점 한정 기프트숍이 아기자기하게 꾸려져 있다. 커피 관련 서적을 모아 둔 도서관은 다른 리저브

로스터리에 비해 월등히 컸으며 별도의 공간이 마련되어 있어 이용하고자 한다면 예약이 필수이다. 예약된 시간에 친구와 단둘이 공간을 영위하며 책도 보고 기다란 테이블에서 여유롭게 인증 사진도 찍고 놀았다.

　각 공간은 칸막이나 구분선이 아닌 천장의 픽토그램과 파트너의 복장을 통해 구분할 수 있다. 또한 뭐든지 구분이 없는 분위기 때문인지 다른 지점들과 달리 음료 또한 어느 공간에서나 자유롭게 일반 음료, 리저브 음료, 알코올 음료를 즐길 수 있다. 그리고 시애틀 거리 곳곳에 휘날리는 무지개 깃발과 시도 때도 없이 풍기는 마리화나 냄새처럼 자유분방한 특성을 그대로 담은 듯 화장실까지도 남녀 공용으로 운영되고 있다. 시애틀에서 학부모로 살고 있는 선배에 따르면 학교에서 서류를 낼 때에도 남녀 성별에 따른 부모 기입이 필수가 아니며 성별을 표기하지 않는 란도 있다고 한다.

Starbucks Reserve Roastery
1124 Pike St, Seattle, WA 98101, United States

파이크 스트리트에 위치한 오랜 역사의 팔리 호텔Palihotel에 묵으며 스타벅스 1호점과 리저브 로스터리 앤 테이스팅 룸을 수시로 오갔지만 사실 이번 여행에서 가장 좋았던 스타벅스는 단 한 번 방문한 워싱턴 대학교University of Washington의 '수잘로 앤 알렌 도서관Suzzallo and Allen Library' 1층에 자리 잡은 매장이었다. 시애틀은 조금만 외곽으로 나가면 산과 바다, 호수가 어우러진 아름답고 매력적인 자연 경관을 느낄 수 있는데, 이를 아주 명확하게 경험할 수 있는 곳이 바로 워싱턴 대학교이다. 사실 처음부터 워싱턴 대학교를 방문할 마음은 없었다. 숙소에서 우버를 타고 나오는 길에 우버 기사에게 물어 본 '시애틀에서 추천하는 여행지'가 그 시작이었는데, 그가 추천한 옛 열 병합 발전소를 조경 건축가 리처드 하그Richard Haag가 다시 디자인한 개스 웍스 공원Gas Works Park이 워싱턴 대학교와 멀지 않아 들른 것이다.

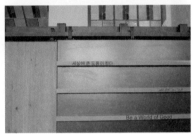

　눈 닿는 곳마다 감탄스러운 교정을 거닐어 도착한 수잘로 앤 알렌 도서관
은 외관부터 호화로운 대저택 느낌이다. 내부는 대체적으로 평범하지만 3
층 리딩 룸 Reading Room 만큼은 영화 〈해리포터 Harry Potter〉 속 연회장을 닮아 인근
을 찾는 여행객들의 주요 코스로 꼽히기도 한다. 그렇게 학교 학생들은 물
론 여행객들의 왕래가 많아서인지 도서관 입구 101호에는 독특한 인테리어
의 스타벅스가 자리 잡고 있다. 오즈의 마법사 속 도로시가 찾은 에메랄드
시티를 베이지색으로 꾸며 놓은 듯한 매장은 스테인드글라스를 통해 들어
오는 빛이 찬연하다. 한가운데 카운터와 음료 만드는 곳이 있고 이를 빙 둘
러 학생들이 앉을 수 있는 다양한 형태의 테이블과 의자가 배치되어 있다.
그리고 벽면에는 다양한 나라의 언어로 글귀가 적혀있다. 의도치 않게 앉고
보니 바로 옆에 한국어로 '세상에 큰 도움이 된다'라고 적혀 있었다. 그 옆에
앉아 고요한 학생들의 분위기에 취해 쉼도 얻고 마음의 평온함도 얻고 다
시 길을 떠났다.

Starbucks
4000 15th Ave NE, Seattle, WA 98105, United States

종이 카드

종이로 만든 카드의 탄생

지금은 종이로 만든 스타벅스 카드를 흔히 볼 수 있지만 2016년까지만 하더라도 종이로 카드를 만드는 건 상상도 할 수 없는 일이었다. 처음 미국 스타벅스가 특별판으로 선불식 충전 카드를 재활용 종이로 출시하겠다고 발표했을 때 보관이 용이한지, 지속적으로 사용 가능한지, 어떻게 충전하고 결제할 수 있을지 등이 궁금했다. 그리고 운이 좋게도 출시 당시 미국을 여행하고 있어 비교적 빠르게 실물을 득템하고 사용할 수 있었다. 디자이너 '다나 다닌저 Dana Deininger'가 탄생시킨 이 카드는 초창기 원두를 판매하던 스타벅스 1호점에서 영감을 받아 원두를 담는 삼베 봉투를 주 재료로 만들었다. 또한 일러스트와 로고를 양각으로 새겨 입체감을 주고, 기존의 마그네틱 대신 바코드를 넣어 충전과 결제를 할 수 있게 만든 점이 독창적이다. 다만 지갑에 넣고 다니기에는 두께감이 있고 재질 특성상 마모가 우려되었다. 하지만 '재활용된 삼베 커피 봉지로 만든 특별 한정 카드 A Special-Edition Card Made with Recycled Burlap Coffee Bags'라 적힌 스타벅스의 첫 종이카드는 불편함을 자처하고 환경 보호를 알리는 신호탄과도 같았다. 이후 2019년부터 다른 나라에서도 다양한 질감의 종이로 만든 카드가 출시되고 있고, 그 외 종이 빨대, 퇴비용 커피 찌꺼기 기부, 친환경 컵 개발 등 환경을 생각하는 시도가 계속되고 있다.

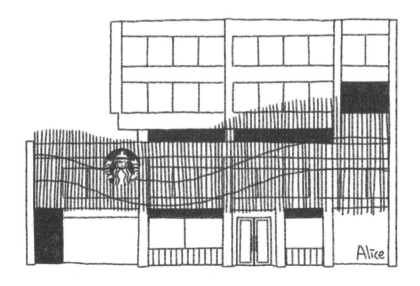

대한민국 1000번째 스타벅스

스타벅스가 한국에 진출한 건 1999년이었다. 당시 커피에 대한 자부심으로 비교적 견고한 장벽을 가지고 있었던 유럽을 뒤로하고 먼저 아시아권으로 눈을 돌린 스타벅스는 1996년 일본, 1997년 필리핀, 1998년 대만과 태국에 매장을 열었고 그다음으로 한국과 중국을 선택했다. 내가 스타벅스를 처음 접하게 된 건 2호선 이대역의 명물, 보세 옷 가게 거리에 갔을 때이다. 90년대 초 신도시인 분당에 살 때라 보세 옷을 사기 위해서는 명동이나 이대 앞 같은 곳을 갔어야 했는데 그때 큰 길가에 자리 잡은 스타벅스는 사이렌 로고와 함께 이국적인 매력을 뽐내고 있었다. 보통 미팅이나 소개팅을 하기 위해 방문했던 기존의 커피숍은 어두운 조명에 쾌쾌한 담배 연기가 흩날리고, 직사각형의 무거운 테이블 위에는 작은 초 만이 상대방 얼굴을 겨우 가볍게 비추고, 둔탁한 벨벳 의자는 자유롭게 움직일 수 없도록 자리에 가두는 불편한 곳이었다. 그런데 스타벅스는 넓고 쾌적한 매장을 조명이 훤히 밝히고 가벼운 원목 테이블과 의자가 편안한 분위기를 자아내는 미국 드라마에서나 볼 수 있었던 모습 그대로를 하고 있었다.

하지만 매장 수가 많지 않아 첫 경험 이후로 한동안 다시 스타벅스를 찾는 일은 없었다. 그렇게 잊고 지낸 스타벅스를 다시 보게 된 것은 뉴스를 통해서였다. 허영에 가득 차 밥 보다 비싼 커피를 마시고 작은 명품 가방을 메고 전공 서적은 손에 들고 과시하는 여성이라는 부정적인 의미의 신조어 '된장녀'가 화두에 오른 것이다. 여기서 비싼 커피는 스타벅스 커피를 지칭했다. 스타벅스 커피를 마시거나 명품 가방을 사용하는 것은 '된장녀'로 일컬어졌고 여성을 특정 짓는 신조어에 성별 간의 분쟁을 불러일으키기도 했다. 이것도 어느새 10여 년이 지난 이야기이다. 지금도 커피 가격에 대한 논쟁이 끝난 건 아니지만 비슷한 느낌, 비슷한 가격대의 다양한 커피 프랜차이즈들이 생겨나면서 더 이상은 무의미한 논쟁이 되어버렸다. 또한 커피와 카페의 대중화로 성별, 연령에 상관없이 누구나 찾는 공간이 되면서 스타벅스를 가운데에 둔 성별 간의 분쟁도 거의 사라졌다.

그리고 2016년 12월, 한국 진출 17년 만에 스타벅스 1000호점이 서울 청담동에 문을 열었다. 위치는 분당선 압구정 로데오 역 인근으로 훈남훈녀 아르바이트생들이 많다고 해서 수많은 대학생들을 불러 모은 청담동 터줏대감 고센 바로 맞은편이다. 언덕 길에 있어 걸어가는 길이 까다롭지만 1000호점은 오픈 날부터 문전성시를 이루었다. 총 3층 규모의 매장은 각 층마다 앉을 수 있는 자리를 기본으로 1층은 카운터와 텀블러 등 제품을 진열해 두는 공간, 2층은 리저브 바, 3층은 야외 테라스가 있다. 각 층은 엘리베이터를 타고 이동할 수 있어 리저브 바를 이용할 것도 아니고 여유롭게 1000호점의 매장 분위기만 느끼고자 한다면 1층에서 음료를 받아 들고 엘리베이터를 타고 바로 3층으로 이동하는 것이 좋다.

　1000호점에 첫날 인파가 어마어마하게 몰렸던 건 이를 기념하는 스타벅스 카드가 1,000개 한정으로 출시되었기 때문이다. 카드 득템만을 위해 휴가를 내고 싶지는 않아서 실시간 인스타그램 인증을 확인하며 이른 퇴근을 하고 달려갔는데 다행히도 오후 6시까지 품절되지는 않았다. 평소와는 달리 카드의 최소 충전 금액이 5만 원이었고 1인 10장 이내로만 구입할 수 있어 그랬던듯싶다. 매장 안쪽까지 길게 늘어선 줄은 2시간이 지나서야 조금 줄어 들었고 드디어 내 차례가 다가왔다. 1000호점 기념 카드는 기존에는 볼 수 없었던 하드 케이스에 조금은 다른 사이즈, 디자인을 하고 있었다. 그런데 나중에야 안 사실이지만 1000호점 기념 카드는 1000호점만을 위해 특별히 디자인된 카드가 아니었다. 개수는 한정으로 배포되었지만 아시아권에서 동일하게 출시된 카드로 어디에서든 마음만 먹으면 구할 수 있었다.

대대적으로 홍보한 1000호점 기념 카드의 실체는 아쉬웠지만 청담동의 분위기를 담아낸 현대적이고 고풍스러운 인테리어, 이곳에서만 맛볼 수 있는 프리미엄 메뉴들은 방문할만한 가치를 만들어냈다. 미니 식빵, 페이스트리, 파이, 타르트, 케이크 등은 전문 베이커리 못지않게 맛이 좋아 오후 늦게 가면 메뉴가 없을 때도 있다. 독특한 조명과 테이블, 의자 또한 1000호점에서만 볼 수 있는 제품들이 있어 보는 재미도 쏠쏠하다. 야외 테라스는 대나무가 가득 메워져 있어 날이 좋은 때 나가서 차를 마시고 있으면 서울이 아닌 교외 작은 카페에 온 듯한 기분이라 색다르다.

스타벅스 청담스타R점
서울특별시 강남구 도산대로57길 24

국내 최대 규모 프리미엄 매장

두 번째로 스타벅스의 특별한 카드를 위해 줄을 선 곳은 종로 타워에 위치한 국내 최대 규모의 프리미엄 매장이다. 두 개의 층을 합쳐 약 1,100 제곱미터, 약 332평 규모로 부산의 최대 규모 스타벅스보다도 100여 평이 크다. 스타벅스 코리아의 모든 노하우를 집약해 놓은 곳이라 할 수 있을 정도로 음료는 물론 푸드, 텀블러 등 제품까지 다양한 종류를 제조하고 판매하고 있다. 오픈 첫날을 기념하기 위해 출시된 카드는 최소 충전 금액 5만 원으로 1000호점 때와는 달리 1인 2장까지만 구입 가능했다. 1인 구입 가능한 장수도 줄고 총 1만 장으로 넉넉하게 구비했다고는 하지만 전전긍긍하며 구하고 싶지는 않아 첫날 문을 열기 1시간 30분 전부터 도착해 줄을 섰다. 겨울

바람에 패딩 점퍼를 꽁꽁 싸맨 사람들이 서울 한복판 종로 타워 밖으로 빙 둘러서 있는 모습이 장관이라 이를 궁금해하는 사람들이 종종 무슨 줄을 선 것이냐 묻기도 하고 취재진들의 모습도 보였다. 기다리는 동안 스타벅스 점원에게 받은 따뜻한 커피로 몸을 녹이고 주변 사람들과 이야기를 나누기도 하며 마치 스타벅스 카드와 텀블러 수집가들의 모임 같다는 생각이 들어 지루하기보다는 되려 재미있었다.

오랜 시간 기다려 들어선 매장은 새로운 놀이기구를 접한 것 마냥 흥미와 감탄을 자아냈다. 1층은 리저브 브루드 커피와 에스프레소 음료만 주문할 수 있는 바, 2층은 기본 음료를 비롯 티바나, 리저브 등 다양한 음료 및 푸드를 주문할 수 있는 너비 25m의 바가 있고, 수많은 텀블러, 머그 등을 진열해 둔 공간이 따로 마련되어 있다. 전혀 다른 느낌의 1층과 2층이지만 긴 한복을 짓는 원단이 두 공간을 이어주고 있다. 2층 천장에서부터 1층 바닥까지 내려오는 원단에는 스타벅스의 상징인 사이렌이 수 놓여 있는데 사이렌의 지느러미에는 보신각 종의 문양을 모티브로 한 무늬가 새겨져 있다. 그리고 2층 한 편에는 여느 스타벅스에서 볼 수 없는 극장형 좌석이 있다. 무대와 객석 형태로 층층이 테이블과 좌석이 배치되어 있어 클래식 공연은 물론 재즈 공연 등이 예약제로 이루어진다. 매장 오픈 시기에 크리스마스를 앞두고 있어 오픈 기념으로 아이들이 부르는 크리스마스 캐롤 공연도 관람할 수 있었다. 도심에 위치한 스타벅스 최대 규모의 프리미엄 매장으로 지리적 여건상 주변 직장인들이 주 고객이기도 하지만 서울을 방문하는 관광객들의 관광지로도 꼽히고 있어 외국인들을 심심치 않게 볼 수 있다.

스타벅스 더종로R점
서울특별시 종로구 종로 51

대한민국 스타벅스 카드

　스타벅스의 기프트 카드는 전 세계 공통된 디자인도 있지만, 각 나라의 기념일에 맞추어 출시되는 한정판 카드도 있다. 미국은 졸업과 입학, 부모의 날, 부활절, 할로윈, 크리스마스 카드 등이 있고, 일본에서는 전통 벚꽃축제가 열리는 봄과 불꽃놀이가 있는 여름에 각각 특별한 카드가 출시된다. 한국에도 한국만의 특별한 날을 기념하는 카드가 있다. 3월 1일 기미독립선언서 낭독으로 시작된 독립운동을 기념하는 무궁화 카드, 8월 15일 일본으로부터 독립한 것을 기념하고 대한민국 정부 수립을 경축하는 10월 9일 한글 창제를 기념하는 한글날 카드가 그것들이다.

　'무궁화 우리나라 꽃' 디자인은 2013년 3월 1일 첫 선을 보였으며, 대한민국 국화國花인 무궁화를 바탕으로 대통령의 권위를 상징하는 봉황, 국보 제1호인 숭례문을 담아냈다. 기프트 카드 외에 텀블러도 출시되었으며, 출시 초기에는 3·1절을 기념해 텀블러 3010개를 한정으로 판매했다. 이후 매해 3월 1일 단아한 무궁화를 주인공으로 한 기프트 카드, 텀블러, 머그를 출시하고 있으며, 2017년부터는 텀블러, 머그 등에만 새겨졌던 '무궁화 우리나라 꽃' 명칭과 연도가 카드에도 새겨지고 있다.

'코리아korea' 디자인은 2015년 8월 15일 광복 70주년을 기념해 출시되었으며, 이후 매해 8.15 광복절마다 출시되고 있다. '코리아' 디자인은 '무궁화 우리나라 꽃'과 달리 매해 각기 다른 콘셉트로 한국의 미를 담아내고 있다. 2015년에는 우리 민화인 화접도花蝶圖에서 영감을 받아 아름다운 꽃과 화려한 나비가 노니는 모습을 담아냈고, 2016년에는 태극기太極旗의 건곤감리乾坤坎離와 조선 후기 청화백자를 담았다. 2017년에는 민화 책가도冊架圖를 재해석해 서재 한 편의 책 더미와 화병, 안경을 연출했으며, 2018년에는 대한제국 선포 121년을 기념해 대한제국의 문장인 오얏꽃, 최고의 훈장 문양인 금척, 국화인 무궁화를 현대적으로 재해석했다. '코리아' 디자인으로 기프트 카드, 텀블러, 머그를 기본으로 에코백, 스푼 포크 세트 등 다양한 제품도 출시된다. 2019년에는 기념 폭죽을 연상시키는 디자인의 종이 재질로 '코리아' 카드를 제작했다.

'한글날' 제품은 2012년 출시된 텀블러가 처음이다. 이후 10월 9일 한글날마다 다양한 제품군이 간헐적으로 출시되고 있다. 2013년 한글날이 다시 공휴일로 지정되자 스타벅스를 포함한 다양한 브랜드에서 한글날 마케팅을 했는데, 보통 한자어와 외래어를 순우리말로 바꾸는 과정을 마케팅으로 진행했다면, 스타벅스는 한글과 훈민정음을 활용해 한글의 아름다움을 표현했다. '한글날'은 기프트 카드보다는 텀블러, 머그 등이 다양한 디자인으로 출시되고 있으며 2019년에는 특별하게 티팟이 출시되었다.

　또 한국 문화, 역사와 연계한 마케팅은 한정판을 출시하고 판매하는 것에 그치지 않고 수익금 중 일부를 한국문화보호재단과 협약하여 전통문화유산 보전과 독립 유공자 후손을 위해 기부하고 있다. 2018년 5월에는 고종황제의 대한제국 선포 120주년을 기념해 미국 워싱턴 디씨 로건 서클 15번지에 위치한 옛 주미대한제국 공사관을 113년 만에 재건했다. 1891년 고종황제가 공식 매입했던 이 건물은 일본에 의한 외교권 강탈과 함께 5달러에 팔리는 수모를 겪었지만 2012년 문화재청이 이를 다시 사들였고, 스타벅스 코리아를 비롯 현대카드, LG 하우스 등이 힘을 합쳐 복원 및 보존 사업에 동참했다. 스타벅스 코리아는 기부금 3억 원 외에도 무형문화재인 김영조 낙화장 烙畵匠과 함께 옛 주미대한제국공사관 헌정 텀블러를 제작해 역사적인 사실을 알리는데 힘을 쏟았다. 재건 후 일반인들에게 공개된 옛 주미대한제국 공사관은 타지에서 생활하는 대한민국 국민에게 긍지와 애국심을 한껏 불어 넣기에 부족함이 없다. 한국의 미가 담긴 제품을 판매하고, 수익금 중 일부를 다시 우리 문화재 보호에 환원하는 것과 같이 선순환을 보인 스타벅스 코리아의 '애국 마케팅'의 다음 행보가 기대된다.

대한민국
경주

대학생 때 '내일로' 기차 여행 이후로 경주를 오랜만에 찾은 것 같다. 90년대의 경주는 서울, 경기권 학생들의 필수 수학여행 코스로 당시 학창시절을 보낸 사람들에게 경주는 수학여행의 의미와 직결되어 있다. 나 또한 초등학생 때 수학여행으로 경주를 처음 방문했다. 2000년대의 경주는 내일로 여행지 중 볼거리, 먹거리가 좋은 여행지로, 수많은 대학생들이 찾는 필수 코스이다. 자유여행패스인 내일로가 생겼을 때 기차를 타고 닿는 목적지마다 내렸을 때 경주만큼은 빼놓지 않고 방문했다. 하지만 해가 거듭될수록 해외로 나가는 횟수는 늘어났지만 국내 여행과는 연이 닿지 않아 속초, 제주도를 제외하고는 오고 가는 일이 많지 않았다. 그래서 경주에 특별한 스타벅스들이 들어선다는 기사를 보고 이때다 싶어 나 홀로 수학여행을 가듯 일정을 짜고 설렘 가득 경주로 향했다.

천년고도 경주

경주는 옛 신라의 수도로 992년 동안 한 번도 도읍지를 옮기지 않아 천 년의 역사를 고스란히 간직하고 있다. 덕분에 천 년의 도읍이라는 뜻의 '천년고도'라 불린다. 서울의 두 배 크기인 경주는 그 자체로 박물관이라 해도 좋을 정도로 역사와 문화를 한눈에 파악할 수 있을 만큼 수많은 문화유산이 도시 전체에 남아있다. 크게는 천년 왕조의 궁궐 터가 남아 있는 월성지구, 신라시대의 왕과 왕비, 귀족 등의 고분 밀집 지역 대릉원 지구, 지금은 흔적만 남아있지만 신라시대의 대표적인 불교 유적지 황룡사 지구, 신라의 흥망성쇠가 담겨있는 거대한 야외 박물관 남산지구, 외적의 침입을 대비한 방어시설의 핵심인 산성지구 등 다섯 개로 나누어져 있다. 덕분에 2박 3일을 빡빡하게 둘러봐도 다 돌아볼 수 없을 만큼 볼거리가 가득하다. 이러한 천년고도의 명성에 걸맞게 경주의 스타벅스 또한 도시에 어울리는 전통적인 모습을 하고 있다. 한옥 건축 기준을 준수한 건물에 한식 기와 목재를 활용한 스타벅스, 전통 문양이 새겨진 방석을 깔고 바닥에 앉을 수 있는 좌식 스타벅스 등이 그러하다. 어디에서도 볼 수 없는 경주만의 특별한 스타벅스는 경주의 핵심 문화유산을 중심으로 위치해있어 경주 문화 기행 사이사이 함께 즐길 수 있다.

　　스타벅스와 경주의 인연은 2012년부터 시작되었다. 스타벅스 코리아는 문화유산 간 거리가 멀어 주로 자가용 또는 관광 차량을 이용해야 하는 경주의 지역적 특성을 살려 국내 최초 드라이브 스루Drive-Thru 매장인 DT점을 경주에 열었다. 보통의 드라이브 스루는 주로 미국 외곽지역, 혹은 주거 공간과 상업 지구를 오가는 대로변에 위치해 있다면, 경주의 DT점은 관광객들이 드라이브하기 가장 좋은 길에 위치해 있다. 보문관광단지는 옛 성터 아래 50만 평 규모로 지어진 인공 호수 보문호가 있는 곳으로 호수를 따라 도로 및 산책로가 조성되어 있어 봄철에는 흐드러지는 벚나무를 보기 위해 전국 각지의 수많은 관광객들이 찾는 곳이다. 경주의 첫 번째 스타벅스이자 국내 최초 드라이브 스루, 세계 최초 화상 주문 시스템을 적용한 매장이라는 수식어를 달고 있는 경주 보문로DT점도 바로 이곳에 위치해 있는데, 호텔 사이에 위치해 기본적으로 호텔을 방문하는 사람들을 비롯해 보문호를 드라이브하는 사람들이 주로 찾는다. 지금은 한 바퀴를 도는데 차로 15분 정도 걸리는 보문호에 신라의 문화유산을 반영한 기본적인 인테리어에 각기 다른 매력을 가진 세 개의 스타벅스가 자리 잡고 있다.

경주 보문호수DT점은 상점이 아닌 일반적인 3층짜리 주거공간으로 보이는 외관을 하고 있어 간판과 드라이브 스루 공간이 아니었다면 스타벅스라 알아보기 쉽지 않다. 내부는 전체적으로 기와의 유려한 곡선과 문창살의 반듯한 무늬가 녹아 있어 한국적이다. 1층에는 커피 하우스 느낌으로 커피 기기 및 원두 등을 전시해 두고, 2층은 신발을 벗고 앉아서 쉴 수 있는 한국식 좌식 공간으로 꾸며져 있다. 2층에서 3층으로 올라가는 계단에는 신라시대를 대표하는 불교 유적지인 황룡사 지구의 황룡사 9층 석탑을 양각화한 나뭇조각이 벽면에 붙어 있어 엘리베이터 없이 올라가는 길이 심심하지 않다.

스타벅스 경주보문호수DT점
경상북도 경주시 보문로 132-6

3층에서는 어느 자리에서든 보문호의 아름다운 전경을 만끽할 수 있도록 테라스 좌석과 비교적 높은 좌석의 소파, 스툴 등이 배치되어 있다.

보문호의 마지막, 경주월드를 마주 보고 있는 경주 보문점은 현대적인 놀이공원과 어울리도록 모던한 감성으로 꾸며져 있다. 날이 좋은 날에 2층 테라스에 나가 커피를 마시면 경주월드의 놀이기구에서 나는 흥겨운 노랫소리와 함성을 들을 수 있다. 또한 놀이기구를 배경으로 이색적인 스타벅스 컵 인증도 남길 수 있다. 보문호는 경주에서 가장 인기 좋은 드라이브 코스인 만큼 차량이 많아 예정된 15분 만에 한 바퀴를 돌기 어려울 정도로 막힌다. 때문에 보문호를 도는 동안 여유롭게 경치도 둘러보고 세 개의 스타벅스 또한 하나씩 둘러보는 것도 좋다.

스타벅스 경주보문점
경상북도 경주시 보문로 537

한옥으로 된 스타벅스

경주 대릉원에서부터 첨성대까지 단층 건물로 이어지는 골목골목은 황남동에서 어느새 '황리단길'로 변모해 있었다. 황리단길은 마을 전체가 문화적인 자산을 인정받아 보존 및 육성 지구로 지정된 곳이다. 기존의 한옥 건물과 새로 지은 한옥 건물 등이 한데 어우러져 숙박업소, 카페, 레스토랑, 상점 등 사람들이 모여드는 만큼 다양한 편의 시설이 들어서기 시작했다. 고즈넉한 한옥 사이에 자리 잡은 한옥 카페와 맥줏집은 너른 안뜰에서 전통차와 다과, 또는 한국식 브루어리 맥주를 판매하며 담장 너머로 기웃거리는 관광객들을 불러 모은다. 이렇듯 한옥의 탁 트인 공간을 잘 활용하여 많은 사람을 수용할 수 있어 혼자 여행하는 사람은 물론 가족단위까지 누구나 즐길 수 있도록 조성했다. 한옥을 좋아해 서울에서도 한옥 카페나 레스토랑을 찾아다니다 보니 경주에서도 스타벅스뿐만 아니라 최대한 한국적인 공간을 많이 돌아보고 싶었다. 때문에 대부분의 유명 호텔이 모여있는 보문호 대신 황리단길 근처의 한옥 스타일 숙소에 자리를 마련하고 걸어서 전통적인 상점은 물론 한옥 스타일의 스타벅스도 실컷 경험하고 느꼈다.

스타벅스 경주대릉원점
경상북도 경주시 첨성로 125

황리단길이 위치한 대릉원은 삼국사기에서 유래한 이름이다. 대릉원에는 천마총을 비롯 23여 기의 무덤이 밀집되어 있는데, 신라시대 무덤 형식과 문화를 살펴볼 수 있는 곳으로 발굴된 유물만 하더라도 금관, 허리 장식, 천마도 등 수십여 점이 된다. 그리고 대릉원 끝자락에 위치한 첨성대는 신라시대 천문 관측시설로 삼국사기에 따르면 선덕여왕 -647 당시 축조되었다. 대릉원과 첨성대 사이, 신라시대 지배층의 무덤이 다수 있는 황남동 고분군을 바라보는 자리에 스타벅스 대릉원점이 있다. 외관은 암키와와 수키와를 사용한 한식 기와와 서까래, 대들보 등 전통 한옥 모습을 하고 있고, 내부에는 테이블과 의자도 있지만 한국의 좌식 생활을 엿볼 수 있는 마루 형태의 좌식 좌석도 20개 정도 마련되어 있다. 문경새재에 위치한 스타벅스를 비롯해 좌식 매장이 곳곳에 생겨나는 추세이지만 그 시작은 바로 이곳이다. 하지만 경주에서 가장 유명한 유적지 세 곳이 한데 모여 있어 하루에도 수많은 관광객들이 오가며 문전성시를 이루는 곳이라 그 감회를 쉽사리 느끼기 어렵다. 대신 대릉원을 돌아보고 나왔다면 경주 터미널 쪽에 위치한 경주터미널DT점을 방문하는 것이 좋다. 현대식 건물에 한국 전통 기와와 간이 계자 난간을 사용한 이곳은 2층 건물로 1층은 주문하는 카운터와 텀블러, 머그 등의 진열장, 드라이브 스루가 있고, 2층에는 널찍한 좌석이 마련되어 있다. 외관과 같이 내부는 한국 전통무늬와 나무 등을 활용하여 경주 분위기와 어우러져 고풍스러운 느낌을 자아낸다. 경주에는 스타벅스뿐만 아니라 맥도날드, 할리스커피 등 다양한 프랜차이즈들 또한 한옥 스타일을 선보이고 있다. 하지만 스타벅스는 더 나아가 경주에 맞는 스타벅스 시티 카드, 텀블러, 머그 등을 제작하고 판매하여 수익금을 다시 경주 발전 기금으로 사용하는 등 브랜드와 지역의 상생의 길을 보여주고 있어 현지화의 성공 사례로 소개되기도 한다.

스타벅스 경주터미널DT점
경상북도 경주시 태종로 686

대한민국
제주도

전 세계가 커피로 대동단결하고 있는 요즘 제주도에도 크고 작은 카페들이 생겨나고 있다. 제주도의 감성을 그대로 느낄 수 있는 푸른 바다나 녹음이 우거진 산기슭의 독립 카페들도 많지만 이에 못지않게 스타벅스 또한 지역적 특성과 문화를 반영하는 등 다양한 시도를 하고 있다. 때문에 '여기까지 와서 스타벅스를 가느냐'라는 말을 듣기도 하지만 어느새 매장 한 편에 앉아 제주에서만 마실 수 있는 음료를 즐기는 나를 발견한다. 특히 해수욕장이나 바다, 오름과 한라산, 그리고 제주의 과실 감귤나무 등을 바라보고 있는 매장들이 많아지면서 언제 어디서나 제주도 여행의 시작은 스타벅스가 되고 있다.

호텔과 나눠 씁니다

　제주도에서는 먹어야 할 것도 많고 가 보아야 할 곳도 많지만 우선 스타벅스 제주 용담DT점에서 숨 고르기를 시작한다. 이곳은 제주 공항을 오가는 길목에 위치해 있어 여행의 시작과 끝을 보내기에도 좋고, 당일치기 또는 1박 2일 제주 시내 인근으로 짤막하게 출장을 다녀올 때에도 잠시 쉬었다 가기 좋다. 공항 주변에는 연일 차들로 가득해 빡빡하지만 공항과 스타벅스 사이는 넉넉잡고 차량으로 15분 정도면 충분한다. 여행을 즐긴 후 제주 시내 동문 시장에서 먹거리도 사고 마지막으로 용두암을 지나 아름다운 용담 이호 해안 도로를 따라 바다와 이별하고 있노라면 어느새 이곳에 도착한다. 스타벅스를 좋아하든 좋아하지 않든 해안 도로에 위치한 카페들 중 선택이 어렵거나 가격, 맛 등이 염려된다면 이만한 선택지가 없다.

제주 용담DT점은 바다를 앞에 둔 새하얀 저택 같은 호텔 1층을 사용하고 있다. 앞뒤로 주차공간도 넉넉하고 드라이브 스루도 운영하고 있어 해안 도로를 달리는 도중 커피를 구입해 가거나 잠시 들러 바다를 바라보며 커피 한 잔 마실 수도 있다. 호텔 한 층을 모두 쓰는 만큼 면적도 넓고 좌석도 많지만 바다를 정면으로 둔 좌석은 몇 개 되지 않아 선점하는 것이 쉽지 않다. 혼자 방문할 때에는 비교적 여유가 있는 창가의 스툴 좌석을 선호하는데 여기 앉아서 창밖을 보고 있으면 넘실대는 파도에 마음도 일렁인다. 가끔은 작정하고 편지지와 편지 봉투도 챙겨와 편지를 쓰고 동문 시장에 있는 우체국에 들러 편지를 부치곤 한다.

이곳에는 '곱닥한 바당 보멍 돌코롬허고 멘도롱한 커피 혼디 하고 갑서예' 인사와 함께 전용 음료와 베이커리 메뉴들이 준비되어 있다. 계절에 따라 다르지만 주로 제주의 특산물인 감귤, 한라봉, 말차, 호지차, 그리고 당근, 고구마, 흑임자, 쑥 등을 재료로 사용하고 있으며, 지역 특색을 담아 한라산, 현무암, 돌하르방 등을 모티브로 모양을 만들고 이름 붙인다. 그렇게 나온 메뉴가 한라산 그린티 셔벗, 제주 노랑 고구마 라떼, 제주 쑥쑥 라떼, 몽한라 아일랜드 케이크, 당근 현무암 케이크, 우도 땅콩 다쿠아즈 등이다. 몇몇 메뉴를 제외하고는 계절에 따라 변경되기 때문에 방문했을 때 먹지 않으면 다시는 먹을 수 없기도 하다. 그 외 제주도에서만 판매하는 초콜릿 세트, 텀블러, 머그, 컵 슬리브, 에코백, 우산 등도 있다. 종종 선물용으로 제주의 자연경관인 오름을 형상화한 제주 오름 초콜릿 세트를 구입하는데 패키지 디자인도 예쁘고 맛도 좋아 선물하기에 좋다.

스타벅스 제주용담DT점
제주 제주시 서해안로 380

성산일출봉을 한눈에

 탁 트인 환경에서 유채꽃을 예쁘게 찍을 수 있는 곳을 찾다가 뜻하지 않게 스타벅스 제주 성산DT점을 발견했다. 개인적으로 주로 출장지가 호텔이 모여있는 중문 관광단지이고 여행하는 곳은 공항과 가까운 애월 주변이라 성산일출봉 인근은 애초에 잘 방문하지 않는 곳이었다. 성산일출봉은 세계자연유산으로 등재되었 고 주변 구역은 대한민국 천연기념물로 지정되어 있어 번잡한 관광지와는 달리 자연과 어우러진 차분함이 있어 이전에는 여럿이 함께 오는 단체 관광에서 전세 버스 타고 한두 번 방문한 것이 전부였다. 그러다가 제주의 봄을 주제로 벚꽃과 유채꽃이 예쁜 곳을 찾다가 제주공항에서 1시간을 가로질러 이곳까지 오게 된 것이다. 빠르게 성산일출봉 앞 유채꽃 밭에서 사진을 찍고 다시 공항으로 가기 전 유채꽃 밭 옆 스타벅스를 우연히 발견하고 들어갔다. 매장은 총 2층 규모이지만 1층은 주차, 드라이브 스루, 주문과 제품 진열 공간으로 활용되고 좌석은 스툴 몇 개가 전부이다. 좌석은 대부분 2층에 준비되어 있지만 좌석 수가 많은 편은 아니어서 유채꽃 철에는 드라이브 스루가 용이할 수도 있다. 처음 방문했을 때에도 유채꽃 철이었던 지라 밭에 있는 사람들만큼 매장 안도 사람들로 붐벼 주문한 음료를 받아 들고 곧장 공항 근처로 올 수밖에 없었다. 그러다 작년 봄, 회사에서 선택한 워크숍 지역이 제주도 성산일출봉을 바라보는 곳이었다. 다행히 숙소에서 걸어서 5분 밖에 걸리지 않아 정규 일정이 시작하기 2시간 전 7시부터 문을 여는 스타벅스로 향했다. 창밖의 노란 유채꽃과 성산일출봉을 바라보며 커피 한 잔을 마시고 싶어 알람도 맞춰놓고 노력했다. 평소 회사에서 워크숍이나 플레이숍을 가면 부지런을 떠는 편이 아닌데, 이틀 내내 이른 아침을 맞이할 정도로 충분히 만족스러웠다.

스타벅스 제주성산DT점
제주 서귀포시 성산읍 일출로 80

참고 문헌

프랑스
스타벅스 공식 사이트 starbucks.fr
파리 종합 관광 안내 공식 사이트 en.parisinfo.com
라뒤레 공식 사이트 laduree.fr
셰익스피어 앤 컴퍼니 공식 사이트 shakespeareandcompany.com

오스트리아
오스트리아 관광청 공식 사이트 austria.info/kr
비엔나 관광 안내 공식 사이트 wien.info/en
유네스코 무형문화유산 공식 사이트 wien.gv.at/english/culture-history
카페 란트만 공식 사이트 landtmann.at/en
카페 자허 공식 사이트 sacher.com/en/restaurants/cafe-sacher-wien
아이다 공식 사이트 aida.at/en
율리어스 마이늘 공식 사이트 meinlcoffee.com

네덜란드
스타벅스 공식 사이트 starbucks.nl
더치 커피 공식 사이트 dutch-coffee.nl

태국
스타벅스 공식 사이트 starbucks.co.th
태국 커피 소비량 bangkokpost.com/thailand/special-reports

인도네시아
국제 커피 조직 공식 사이트 ico.org

싱가포르
스타벅스 공식 사이트 starbucks.com.sg
토스트 박스 공식 사이트 toastbox.com.sg

중국
스타벅스 공식 사이트 starbucks.com.cn
중국 여행사 thechinaguide.com

미국
스타벅스 공식 사이트 starbucks.com
스타벅스 역사 공식 사이트 stories.starbucks.com
스타벅스 IR 공식 사이트 investor.starbucks.com
스타벅스 리저브 공식 사이트 starbucksreserve.com/en-us
주미대한제국공사관 공식 사이트 oldkoreanlegation.org
스윙스 커피 공식 사이트 swingscoffee.com
마망 공식 사이트 mamannyc.com
버치 커피 공식 사이트 shop.birchcoffee.com
우즈 커피 공식 사이트 woodscoffee.com
자이트가이스트 커피 공식 사이트 zeitgeistcoffee.com
Schultz, Howard , Gordon, Joanne, 『**Onward**』, Rodale Press, 2012.

이탈리아
세계 관광기구 e-unwto.org/doi/pdf/10.18111/9789284421152
파베 공식 사이트 pavemilano.com
10꼬르소꼬모 공식 사이트 10corsocomo.com
몰스킨 공식 사이트 ch.moleskine.com/fr/moleskine-cafe

러시아
스타벅스 공식 사이트 starbucks.ru
모스크바 메트로 공식 사이트 news.metro.ru

홍콩
이욱연,『친절한 현대 중국 이야기』, 네이버 지식백과, 2017.

일본
스타벅스 공식 사이트 starbucks.co.jp
일본 여행사 en.japantravel.com
일본 여행 매거진 '맛차' matcha-jp.com
키 커피 공식 사이트 keycoffee.co.jp
다이칸야마 츠타야 북스 공식 사이트 real.tsite.jp/daikanyama/english/index.html
도큐플라자 공식 사이트 omohara.tokyu-plaza.com/en
블루보틀 공식 사이트 bluebottlecoffee.com
아라비카 커피 공식 사이트 arabica.coffee
主査 浦野正樹教授,『東京·喫茶店の社会史』, 早稲田大学 文化構想学部文化構想学科, 2015.

대한민국
스타벅스 공식 사이트 starbucks.co.kr
신세계 그룹 인사이드 공식 사이트 shinsegaegroupinside.com

앨리스와 함께 떠나는
스타벅스로 세계 여행

1판 1쇄 인쇄 2020년 8월 1일   **1판 1쇄 발행** 2020년 8월 10일
1판 2쇄 인쇄 2021년 1월 10일   **1판 2쇄 발행** 2021년 1월 15일

지 은 이 **앨리스**
발 행 인 **이미옥**
발 행 처 **J&jj**
정   가 **20,000원**
등 록 일 **2014년 5월 2일**
등록번호 **220-90-18139**
주   소 **(03979) 서울 마포구 성미산로 23길 72 (연남동)**
전화번호 **(02) 447-3157~8**
팩스번호 **(02) 447-3159**

ISBN 979-11-86972-74-8 (03980)
J-20-04
Copyright © 2021 J&jj Publishing Co., Ltd

J & jj
제이 앤 제이제이

Book · Character · Goods · Advertisement · Graphic · Marketing · Brand consulting

D · J · I
BOOKS
DESIGN
STUDIO

facebook.com/djidesign